网页设计技术与应用
案例解析

沈佳琪　编著

清华大学出版社
北京

内 容 简 介

本书以实战案例为指引，以理论讲解作铺垫，对网页设计的方法与技巧进行了讲解，并用通俗易懂的语言、图文并茂的形式对Dreamweaver在网页设计中的应用进行了全面细致的剖析。

全书共10章，遵循由浅入深、从基础知识到案例进阶的学习原则，对零基础学网页设计、网页设计基本操作、常见网页元素及应用、网页超链接的应用、网页中表格的应用、Div+CSS布局技术、表单技术、模板与库、行为技术等内容进行了逐一阐述，最后介绍了网页设计相关的HTML语言知识。

全书结构合理、内容丰富、易学易懂，既有鲜明的基础性，也有很强的实用性。本书既可作为高等院校相关专业的教学用书，又可作为培训机构以及网页设计爱好者的参考书。

图书在版编目（CIP）数据

网页设计技术与应用案例解析 / 沈佳琪编著. —北京：清华大学出版社，2023.10
ISBN 978-7-302-64756-0

Ⅰ.①网…　Ⅱ.①沈…　Ⅲ.①网页制作工具　Ⅳ.①TP393.092.2

中国国家版本馆CIP数据核字（2023）第192586号

责任编辑：李玉茹
封面设计：杨玉兰
责任校对：周剑云
责任印制：曹婉颖

出版发行：清华大学出版社
　　　　网　　　址：https://www.tup.com.cn，https://www.wqxuetang.com
　　　　地　　　址：北京清华大学学研大厦A座　　　　邮　　　编：100084
　　　　社 总 机：010-83470000　　　　　　　　　邮　　　购：010-62786544
　　　　投稿与读者服务：010-62776969，c-service@tup.tsinghua.edu.cn
　　　　质 量 反 馈：010-62772015，zhiliang@tup.tsinghua.edu.cn
　　　　课 件 下 载：http://www.tup.com.cn，010-62791865
印 装 者：北京嘉实印刷有限公司
经　　销：全国新华书店
开　　本：185mm×260mm　　　印　　张：15.5　　　字　　数：377千字
版　　次：2023年12月第1版　　　　　　　　　　　印　　次：2023年12月第1次印刷
定　　价：79.00元

产品编号：102128–01

前言

网页是集合了平面设计、动画、音视频等元素，承载各种网站应用的平台。Dreamweaver是Adobe公司旗下一款所见即所得的网页设计软件，在网页设计、互联网软件开发等领域应用广泛。Dreamweaver操作方便、易上手，深受广大网页设计从业人员与网页设计爱好者的喜爱。

Dreamweaver软件除了在网页设计方面有它强大的功能性和优越性外，在软件协作方面也有它的优势。根据需求，设计者可将Photoshop、Animate等软件设计好的内容调入Dreamweaver中进行应用。随着软件版本的不断升级，目前Dreamweaver技术已逐步向智能化、人性化、实用化发展，旨在让网页设计师将更多的精力和时间用在创作上，以便给大家呈现出更完美的网页作品。

内容概述

本书切实从读者的实际出发，以浅显易懂的语言和与时俱进的图示来进行说明，实现理论与实践并重，同时注重职业能力的培养。

党的二十大精神贯穿"素养、知识、技能"三位一体的教学目标，从"爱国情怀、社会责任、法治思维、职业素养"等维度落实课程思政；提高学生的创新意识、合作意识和效率意识，培养学生精益求精的工匠精神，弘扬社会主义核心价值观。本书贯彻二十大精神，结合本专业知识点，认真编写。

全书共分10章，各章的内容如下。

章	内 容 导 读	难点指数
第1章	主要介绍了网页设计相关知识、网页设计常用布局、网页设计常用软件及网页设计在行业中的应用等内容	★☆☆
第2章	主要介绍了Dreamweaver工作界面、网页设计常用面板、创建与管理站点及文档的基本操作等内容	★★☆
第3章	主要介绍了文本元素的应用、图像元素的应用及其他多媒体元素等内容	★★★
第4章	主要介绍了超链接的基本概念、创建超链接及管理网页超链接等内容	★★☆
第5章	主要介绍了创建表格、设置表格属性、编辑表格及导入/导出表格式数据等内容	★★★
第6章	主要介绍了创建CSS样式、定义CSS样式及Div+CSS布局基础等内容	★★★
第7章	主要介绍了表单的基础知识、创建表单域、创建文本类表单、创建选项类表单、创建文件域及创建表单按钮等内容	★★☆
第8章	主要介绍了创建模板、应用和管理模板及创建与应用库等内容	★★★
第9章	主要介绍了行为和事件的基础知识，常用行为等内容	★★☆
第10章	主要介绍了HTML5基础知识、常见标签的应用、网页样式设置，以及页面动画效果等内容	★★★

选择本书的理由

本书采用"案例解析 + 理论讲解 + 课堂实战 + 课后练习 + 拓展赏析"的结构进行编写，其内容由浅入深，循序渐进，可让读者带着疑问去学习知识，并从实战应用中激发学习兴趣。

（1）专业性强，知识覆盖面广。

本书主要围绕网页设计行业的相关知识点展开讲解，并对不同类型的案例制作进行解析，让读者了解并掌握该行业的设计原则与制作要点。

（2）带着疑问学习，提升学习效率。

本书是先对案例进行解析，然后再针对案例中的重点工具进行深入讲解，这样可让读者带着问题去学习相关的理论知识，从而有效提升学习效率。此外，本书所有的案例都经过精心的设计，读者可将这些案例应用到实际工作中。

（3）行业拓展，以更高的视角看行业发展。

本书在每章结尾部分都安排了"拓展赏析"版块，旨在让读者掌握本章相关技能后，还可了解行业中一些有意思的设计方案及设计技巧，从而开拓思维。

（4）多软件协同，呈现完美作品。

一份优秀的设计方案，通常是由多个软件共同协作完成的，网页设计也不例外。在本书中添加了HTML语言基础协作章节，读者可以通过HTML代码直接制作出精彩的网页效果。

本书的读者对象

- 从事网页设计的工作人员。
- 高等院校相关专业的师生。
- 培训班中学习网页设计的学员。
- 对网页设计有着浓厚兴趣的爱好者。
- 想通过知识改变命运的有志青年。
- 想掌握更多技能的办公室人员。

本书由沈佳琪编写，在编写过程中力求严谨细致，但由于编者水平有限，疏漏之处在所难免，望广大读者批评指正。

编　者

素材文件

课件、教案、视频

目录

第1章 零基础学网页设计

第2章 网页设计基本操作

第3章 常见网页元素及应用

第4章 网页超链接的应用

第5章 网页中表格的应用

第6章 Div+CSS 布局技术

第7章 表单技术

第8章 模板与库

第9章 行为技术

第10章 网页编辑利器之HTML5

第 **1** 章

零基础学网页设计

内容导读

本章将对网页设计的基础知识进行介绍，内容包括网页设计专业名词、网页设计流程、网站建设流程等相关知识；网页设计常用布局；Dreamweaver、Photoshop等常用软件；网页设计在行业中的应用情况等。

思维导图

```
                                                              ┌─ 网页设计专业名词
                                          ┌─ 网页设计相关知识 ──┼─ 网页设计流程
                    ┌─ 网页设计常用布局 ──┤                    └─ 网站建设流程
                    │                      │
  零基础学网页设计 ──┤                      │                    ┌─ Dreamweaver
                    │                      └─ 网页设计常用软件 ──┼─ Illustrator
  ┌─ 网页设计对应的岗位和行业概况          │                    └─ Photoshop
  ├─ 网页设计在行业中的应用
  └─ 网页设计从业人员应具备的素养
```

1.1 网页设计相关知识

网站的基本构成元素就是网页。网页是一个包含HTML标签的纯文本文件，可以存放在世界某个角落的某一台计算机中，而这台计算机必须与互联网相连。网页设计是对网站功能进行策划并设计美化页面的工作，本小节将对网页设计的相关知识进行讲解。

1.1.1 网页设计专业名词

了解网页设计专业名词，可以帮助用户更好地学习与掌握网页设计的相关知识。下面将对此进行介绍。

1. 静态网页

在网站设计中，纯粹HTML格式的网页通常被称为"静态网页"，早期的网站一般都是由静态网页构成的。静态网页是相对于动态网页而言的，是指没有后台数据库、不含程序和不可交互的网页。静态网页更新起来相对比较麻烦，一般适用于更新较少的展示型网站。静态网页是标准的HTML文件，它的文件扩展名是.htm、.html。在HTML格式的网页上，也可以出现各种动态的效果，如GIF格式的动画、Flash、滚动字母等，这些"动态效果"只是视觉上的，其与动态网页是不同的概念。静态网页具有以下五个特点。

- 静态网页的每个页面都有一个固定的URL。
- 静态网页的内容相对稳定，因此容易被搜索引擎检索到。
- 静态网页没有数据库的支持，当网站信息量很大时，完全依靠静态网页的制作方式更新网站比较困难。
- 静态网页交互性比较差，在功能方面有较大的限制。
- 静态页面浏览速度迅速，无须连接数据库，开启页面速度快于动态页面。

2. 动态网页

动态网页是与静态网页相对立的一种网页编程技术，与网页上的各种动画、滚动字幕等视觉上的"动态效果"没有直接关系。动态网页可以是纯文字内容的，也可以是包含各种动画的内容。这只是网页具体内容的表现形式，无论网页是否具有动态效果，采用动态网站技术生成的网页都称为动态网页。动态网页具有以下四个特点。

- 动态网页没有固定的URL。
- 动态网页以数据库技术为基础，可以大大降低网站维护的工作量。
- 采用动态网页技术的网站可以实现更多的功能，如用户注册、用户登录、用户管理、在线调查等。
- 动态网页实际上并不是完整存在于服务器上的网页文件，只有当用户请求时服务器才返回一个完整的网页。

3. HTML

HTML的全称为hyper text markup language，即超文本标记语言，是目前因特网上用于编写网页的主要语言。但它并不是一种程序设计语言，只是一种排版网页资料显示位置的标记结构语言。通过在网页文件中添加标签，可以告诉浏览器如何显示其中的内容。

HTML文件是一种可以用任意文本编辑器创建的ASCII码文档，常见的文本编辑器有记事本、写字板等。这些文本编辑器都可以编写HTML文件，在保存时以.htm或.html作为文件扩展名即可。当使用浏览器打开这些文件时，浏览器将对其进行解释，浏览者就可以从浏览器窗口中看到页面内容。

之所以称HTML为超文本标记语言，是因为文本中包含了所谓的"超级链接"点，这也是HTML获得广泛应用的最重要原因之一。浏览器按顺序阅读网页文件，然后根据标记符解释和显示其标记的内容。对书写出错的标记，浏览器不会指出其错误，且不会停止其解释执行过程，编制者只能通过显示效果来分析出错原因和出错部位。但需要注意的是，对于不同的浏览器，对同一标签可能会有不同的解释，因而可能会有不同的显示效果。

4. CSS

CSS指层叠样式表，是一种用于表现HTML或XML等文件样式的计算机语言，可以精准定位网页上的元素。使用CSS设置网页时，可以将网页的内容与表现形式分开，这使得网页设计者能更易于在一个位置集中维护站点。同时，使用CSS还可以得到更简练的HTML代码，从而缩短浏览器的加载时间，为浏览者带来更好的浏览体验。

5. Div

Div的全称为division，即划分，用于在页面中定义一个区域，使用CSS样式可控制Div元素的表现效果。Div可以将复杂的网页内容分割成独立的区块；一个Div可以放置一个图片，也可以显示一行文本。简单来讲，Div就是容器，可以存放任何网页显示元素。

使用Div可以实现网页元素的重叠排列，以及网页元素的动态浮动，还可以控制网页元素的显示和隐藏，实现对网页的精确定位。有时候也可把Div视为一种网页定位技术。

1.1.2 网页设计流程

网页设计包括需求调研、确立主题、结构规划、素材收集、网页制作、检测反馈几个流程，如图1-1所示。合理的流程可以帮助用户更高效地设计网页，下面将对此进行介绍。

图 1-1

1. 需求调研

设计网页之前，需要对消费者需求、市场状况及企业情况进行调研分析，以便设计出更加契合主题与市场需要的网页。

2. 确立主题

网页设计需要有明确的主题。在主题明确的基础上，再对网页的风格和特色作出定位，完善网页设计总体方案。

3. 结构规划

确立网页主题后，就可以规划网页中的结构。在规划网页时，设计者需要根据主题和页面合理地设置网页结构。

4. 素材收集

网页制作中需要用到多种素材，如文字、图片、动画、音频、视频等。用户可以根据主题和结构，通过多种途径收集素材。对于找不到的素材，还可以通过Photoshop等软件自行制作。

5. 网页制作

制作网页时，应遵循设计思路，综合考虑版式、色彩、元素搭配及形式等内容，并根据网页主题及结构进行制作。

6. 检测反馈

网页完成设计后，需要对其进行检测，以确保在运行时不会出现纰漏；网页投入使用后，需及时收集用户反馈，对页面设计进行调整，以达到最佳的实际效果。

1.1.3　网站建设流程

网站制作包括网站策划、网站设计、网页制作、测试和发布网站、网站维护等步骤。下面将一一进行介绍。

1. 网站策划

在建设网站平台之前，需要先进行网站策划，即在建立网站前应明确网站的目的、网站的功能、网站规模、投入费用等。只有经过详细的规划，才能避免在网站建设中出现问题。

1）网站策划的核心

一个企业网站策划者，首先应当深入了解企业的产品生产和销售状况，如企业产品所属行业背景、企业生产能力、产品年销售概况、内外销比重、市场占有率、产品技术特点、市场宣传卖点、目标消费群、目标市场区域、竞争对手情况等。只有详细了解了企业产品信息和市场信息，才能进行定位分析，准确判定在网站当中将要进行的产品展示应该达到什么样的目的，做到心中有数，有的放矢。其次，网站策划者有一个明显区别于网站开发者的视角差异，那就是要站在企业（客户）和访问者的角度来规划网站，这一点在规划产品展示的时候显得尤为突出。一个完整的产品展示体系，主要包括直观展示、用户体验和网站互动三个部分。

2）网站策划的流程

（1）网站策划方案价值的确立： 网站策划重点阐述了解决方案能给客户带来什么价值，以及通过何种方法去实现这种价值，从而帮助业务员赢取订单。另外，一份优秀的解决方案会在充分挖掘、分析客户实际需求的基础之上，以专业化的网站开发语言、格式，有效地解决了后期开发过程中的沟通问题、整理资料的方向性问题等。

（2）**前期策划资料的收集**：策划方案资料的收集情况是网站策划方案能否成功的关键点，它关系到是否能够准确充分地帮助客户分析、把握互联网应用价值点。一份策划方案能否中标，往往与信息的收集方法、收集范围、执行态度、执行尺度有密切关系。

（3）**网站策划思路的整理**：在充分收集客户数据的基础之上，需要对数据进行分析、整理，需要客户、业务员、策划师、设计师、软件工程师、编辑的齐心参与，并进行多方位的分析、洽谈、融合。

（4）**网站策划方案的写作**：网站策划方案的写作是整个标准的核心。一份专业的网站策划方案，需要经过严格的包装才能提交给客户。方案的演示与讲解关系着订单的成败。网站策划方案的归档/备案，可以根据公司的知识库规则的不同，从而制定出不同的标准。

3）网站策划的重要性

网站策划逐渐被各个企业所重视，在企业网站建设中起到核心的地位，是一个网站的神经部位。网站建设并不是一件简单的事情，将美术设计、信息栏目规划、页面制作、程序开发、用户体验、市场推广等方面知识融合在一起才能建出成型网站。而将这些知识结合在一起的活动就是网站策划。策划的主要任务是根据领导给出的主题结合市场，通过与各个职能部门人员沟通，制定出合理的建设方案。网站策划对网站建设是否成功起着决定性作用。

②. 网站设计

网站策划完成后，就可以设计网站，包括搜集素材、规划站点等内容。

1）搜集素材

网站的主题内容包含文本、图像和多媒体等素材，这些素材组合在一起构成了网站的灵魂。任何一种网站，在建设之前都应进行充分的调查和准备，即调查读者对网站的需求度、认可度，以及准备所需资料和素材。网站的资料和素材包括所需图片、动画、Logo、框架规划、文字信息等。

2）规划站点

开发网站的第一步就是规划站点。规划站点即对网站进行整体定位，这些不仅要准备建设站点所需要的文字资料、图片、视频文件，还要将这些素材整合，并确定站点的风格和规划站点的结构。在规划站点时，应遵循以下三个原则。

- **文档分类保存**：若建立的站点比较复杂，就不要把文件只放在一个文件夹中，而是需要把文件分类后放在不同的文件夹中，方便更好地管理。在创建文件夹的时候，先建立根文件夹，再建立子文件夹。站点中还有一些特殊的文件，如模板、库等，最好将其放在系统默认创建的文件夹中。
- **文件夹合理命名**：为了方便管理，文件夹和文件的名称最好代表一定的意义，这样就能通过名称知道网页内容，也便于网站后期的管理，提高工作效率。
- **本地站点和远程站点结构统一**：为了方便维护和管理站点，应将本地站点与远程站点的结构保持一致。这样，将本地站点上传至远程服务器上时，可以保证本地站点和远程站点的完整复制，也便于对远程站点的调试和管理。

③.网页制作

完成网站策划和设计工作后，就可以着手制作网页了。网页就是网站中的页面，它是一个包含HTML标签的纯文本文件，是向浏览者传递信息的载体。网页采用HTML、CSS、XML等语言对页面中的各种元素（如文字、图像、音乐等）进行描述，并通过客户端浏览器进行解析，从而向浏览者呈现网页的各种内容。

1）设计网页图像

网页图像设计包括logo、标准色彩、标准字、导航条和首页布局等内容。用户可以使用Photoshop等软件来设计网站的图像。

有经验的网页设计者，通常会在使用工具制作网页之前设计好网页的整体布局，这样将会大大节省设计时间。

2）制作网页

制作网页时，要按照先大后小、先简单后复杂的原则进行。先大后小是指在制作网页时，先把大的结构设计好，然后再逐步完善小的结构。先简单后复杂是指先设计出简单的内容，然后再设计复杂的内容，以便出现问题时容易修改。在制作网页时，要多灵活运用模板，这样可以大大提高制作效率。

④.测试和发布网站

网站制作完成之后，就可以上传到服务器中供他人进行浏览。网站在上传到服务器之前，需要先进行本地测试，以保证页面的浏览效果、网页链接等与设计要求相吻合，然后再发布。网站测试可以发现设计中的各种错误，从而为网站的管理和维护提供方便。

1）测试网站

网站测试是指当一个网站制作完上传到服务器之后，针对网站的各项性能情况进行的一项检测工作。它与软件测试有一定的区别，即除了要求外观的一致性以外，还要求其在各个浏览器下的兼容性。测试网站一般包括以下四个方面内容。

● **性能测试**：网站的性能测试主要从连接速度测试、负荷测试和压力测试等方面来进行。连接速度测试是指打开网页的响应速度测试。负荷测试是在某一负载级别下，检测网站系统的实际性能，可以通过相应的软件在一台客户机上模拟多个用户来测试负载。压力测试是测试系统的限制和故障恢复能力。

● **安全性测试**：安全性测试是对网站的安全性（服务器安全、脚本安全）进行测试，包括漏洞测试、攻击性测试、错误性测试，等等。

● **基本测试**：基本测试包括色彩的搭配、连接的正确性、导航的方便和正确、CSS应用的统一性等测试。

● **稳定性测试**：稳定性测试是指测试网站运行中整个系统是否正常。

2）发布网站

完成网站的创建和测试之后，将文件上传到远程文件夹即可发布站点。这些文件用于网站的测试、生产、协作和发布，具体取决于用户的环境。

5. 网站维护

在实际应用过程中，需要根据情况对网站进行内容维护和更新，以保持网站的活力。只有不断地给网站补充新的内容，才能够吸引住浏览者。网站的维护是指对网站的运行状况进行监控，发现问题及时解决，并将其运行的实时信息进行统计。网站维护的内容主要包括以下五个方面。

- **基础设施的维护**。主要包括网站域名维护、网站空间维护、企业邮箱维护、网站流量报告、域名续费等。
- **应用软件的维护**。包括业务活动的变化、测试时未发现的错误修正、新技术的应用、访问者需求的变化和提升等方面。
- **内容和链接的维护**。包括内容更新、删减，以及链接的修改。
- **数据安全的维护**。包括数据库导入导出的维护、数据库备份、数据库后台维护、网站紧急恢复等。
- **安全管理**。做好网站安全管理，定期定制杀毒，防范黑客入侵网站，检查网站各个功能。

1.2　网页设计常用布局

网页的布局类型主要有骨骼型、满版型、分割型、中轴型、曲线型、倾斜型、对称型、焦点型、三角型、自由型十种。

- **骨骼型**：骨骼型的网页版式是一种规范的、理性的分割方法，类似于报刊的版式。常见的骨骼型有竖向通栏、双栏、三栏、四栏，以及横向的通栏、双栏、三栏和四栏等，一般以竖向分栏为多。这种版式给人以和谐、理性的美。多种分栏方式结合使用，显得既理性、条理，又活泼而富有弹性。
- **满版型**：这种页面以图像充满整版，主要以图像为诉求点，也可将部分文字压置于图像之上。这种类型的布局视觉传达效果直观而强烈，给人以舒展、大方的感觉。随着宽带的普及，这种版式在网页设计中的运用越来越多。
- **分割型**：把整个页面分成上下或左右两部分，分别安排图片和文案。两个部分可形成对比——图片部分感性且具活力，文案部分则理性而平静。可以通过调整图片和文案所占的面积，来调节对比的强弱。例如，如果图片所占比例过大，文案使用的字体过于纤细，字距、行距、段落的安排又很疏落，则造成视觉心理的不平衡，显得生硬；倘若通过文字或图片将分割线虚化处理，就会产生自然和谐的效果。
- **中轴型**：这种布局沿浏览器窗口的中轴将图片或文字作水平或垂直方向的排列。水平排列的页面给人稳定、平静、含蓄的感觉，垂直排列的页面则给人以舒畅的感觉。
- **曲线型**：这种布局将图片、文字形成曲线进行分割或编排，产生韵律感与节奏感。
- **倾斜型**：这种布局将页面主题形象、图片、文字作倾斜编排，形成不稳定感或强烈的动感，达到引人注目的效果。
- **对称型**：对称的页面给人稳定、严谨、庄重、理性的感受。对称分为绝对对称和相对对称。页面一般采用相对对称的手法，以避免呆板。左右对称的页面版式比较常见。四角型也是对称的一种，它是在页面的四角安排相应的视觉元素。四个角是页面的边界点，其重要性不可低估，在四个角安排的任何内容都能产生安定感。控制好页面的四个角，也就控制了页面的空间。越是凌乱的页面，越要注意对四个角的控制。

- **焦点型**：焦点型的网页版式通过对视线的诱导，使页面具有强烈的视觉效果。焦点型分为中心、向心和离心三种情况。其中，中心版式是将对比强烈的图片或文字置于页面的视觉中心。视觉元素引导浏览者视线向页面中心聚拢，就形成了一个向心的版式；向心版式是集中的、稳定的，是一种传统的手法。视觉元素引导浏览者视线向外辐射，则形成一个离心的网页版式；离心版式是外向的、活泼的，更具现代感，运用时应避免凌乱。
- **三角型**：网页各视觉元素呈三角形排列，就形成了一个三角型的版式。正三角形（金字塔型）最具稳定性；倒三角形则产生动感；侧三角形构成一种均衡版式，既安定又有动感。
- **自由型**：自由型的页面具有活泼、轻快的风格，能传达随意、轻松的气氛。

1.3   网页设计常用软件

应用合适的软件可以提高网页设计的工作效率，网页设计中常用的软件包括Dreamweaver、Photoshop等，本小节将对此进行介绍。

1.3.1   Dreamweaver

Dreamweaver是一款专业的所见即所得的网页代码编辑器，集网页制作和管理网站于一身，可以帮助设计师和程序员快速地制作网站并对其进行建设。如图1-2所示为Dreamweaver的启动界面。

图 1-2

1.3.2 Illustrator

Illustrator是Adobe公司推出的专业矢量绘图软件，该软件最大的特征在于钢笔工具，其操作简单且功能强大。它集成了文字处理、上色等功能，广泛应用于插图制作、印刷制品（如广告传单、小册子）设计制作、网页设计等领域。如图1-3所示为Illustrator的启动界面。

图 1-3

1.3.3 Photoshop

Photoshop软件与Dreamweaver、Illustrator软件同属于Adobe公司，是一款专业的图像处理软件，主要处理由像素构成的数字图像。在设计网页时，用户可以通过Photoshop软件编辑图像，再导入Dreamweaver等网页设计软件中进行应用。如图1-4所示为Photoshop的启动界面。

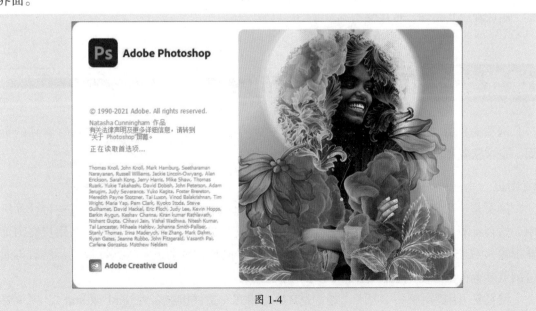

图 1-4

1.4 网页设计在行业中的应用

网页设计与互联网的发展息息相关，随着数字化时代的发展，网页设计的前景更加广阔。本小节将对网页设计的行业概况及从业人员应具备的素养进行介绍。

1.4.1 网页设计对应的岗位和行业概况

1. 网页设计行业概况

随着互联网的发展，网络已经成为人们日常生活的一部分，网页也以更加智能、丰富的形式展现在人们面前。虚拟现实技术的使用为网页设计带来更加沉浸式的网页体验，网页设计从业者将迎来崭新的机会与巨大的挑战。

2. 网页设计求职方向

掌握网页设计理论和操作技能后，可以从业于网络公司、科技公司、广告公司、教育机构、贸易公司、企事业单位等从事网页设计、平面设计、UI设计、网页开发工程师、产品经理等工作。

1.4.2 网页设计从业人员应具备的素养

网页设计从业人员应具备以下素养。

- 能够独立完成网页页面的策划和设计工作。
- 熟练使用相关软件，如Dreamweaver、Photoshop、Illustrator等。
- 能够熟练用Div+CSS进行HTML页面制作，可独立完成网站前台的设计与制作。
- 具有一定的插画绘制能力，对后期处理及动效设计有所了解。
- 色彩与画面的控制能力强。
- 有较强的责任心和理解能力，沟通能力强。
- 具有团队精神，抗压能力强。

课堂实战 了解网页和网站

网页是网站最基本的组成元素。一般来说，网页就是用户访问某个网站时看到的页面，是承载各种网站应用的平台。

1. 网页

网页是一个包含HTML标签的纯文本文件，可以存放在世界某个角落的某一台计算机中，这台计算机必须与互联网相连。网页经由网址（URL）来识别与存取，当用户在浏览器中输入网址后，经过一段复杂而又快速的程序，网页文件会被传送到计算机，然后再通过浏览器解释网页的内容，并展示到用户的眼前。

网页是万维网中的一"页"，通常是HTML格式（文件扩展名为.html 或.htm）。网页要通过网页浏览器来显示各种信息，同时也可以实现一定的交互。

网页显示在特定的环境中，具有一定的尺寸。在网页中可以看到显示的各种内容。

2. 网站

网站是有独立域名、独立存放空间的内容集合，这些内容可能是网页，也可能是程序或其他文件。网站可以看作是一系列文档的组合，这些文档通过各种链接方式关联起来。它们可能拥有相似的属性，如描述相关的主体、采用相似的设计或实现相同的目的等；也可能只是毫无意义的链接。利用浏览器，用户可以从一个文档跳转到另一个文档，实现对整个网站的浏览。

根据不同的标准，可将网站做不同的分类。根据网站的用途，可分为门户网站（综合网站）、行业网站、娱乐网站等；根据网站的功能，可分为单一网站（企业网站）、多功能网站（网络商城）等；根据网站的持有者，可分为个人网站、商业网站、政府网站等。

从字面上理解，网站就是计算机网络上的一个站点；网页是站点中所包含的内容，它可以是站点的一部分，也可以独立存在。一个站点通常由多个栏目构成，包含个人或机构用户需要在网站上展示的基本信息页面，同时还包括有关的数据库等。当用户通过 IP 地址或域名登录一个站点时，展现在浏览者面前的是该网站的主页。

课后练习 了解网页色彩基础

网页的配色在网站页面效果方面占据重要地位。优秀的网页配色可以提高网站的页面效果，使网站的用户体验更佳。网站建设中的页面配色有以下四大要点。

1. 网站主题颜色要自然

在设计网站页面的颜色时，应该尽可能选择比较自然和常见的颜色，以贴近生活。

2. 背景和内容形成对比

在进行页面配色时，页面的背景需要与文字形成鲜明的对比，这样才能使网站主题更加突出，页面更加美观，内容更易被用户注意，同时也能方便用户的浏览和阅读。

3. 规避页面配色的禁忌

合理的页面配色能够使网站的用户体验效果大大提升。如果页面配色不合理，不仅会导致网站的效果降低，还会导致网站用户流失，给企业带来无法估量的损失。

4. 保持页面配色的统一

在进行页面配色时，一定要保持色彩的统一，对颜色的选择应控制在三种以内，以一种作为主色，另外两种作为辅助色。

徐州博物馆

　　博物馆是典藏物质与非物质遗产的文化教育机构，主要用于研究、收藏、保护和展示文物及人文自然遗产等。徐州博物馆始建于1959年，位于江苏省徐州市，属国有博物馆，如图1-5所示。

图 1-5

　　徐州是两汉文化的发源地，徐州博物馆馆藏文物具有鲜明的汉文化特色，其馆藏文物除书画外，绝大多数为古遗迹或古葬墓科学发掘出土，其中汉代文物体系最为完整。其主馆基本陈列包括"古彭千秋""大汉气象""天工汉玉""汉家烟火""俑秀凝华""金戈铁马""邓永清收藏书画展"七大展览，如图1-6所示。

图 1-6

第2章

网页设计基本操作

内容导读

使用Dreamweaver软件可快速制作网站。本章将对Dreamweaver的基础知识进行讲解，包括Dreamweaver工作界面；网页设计常用面板；创建与管理站点；新建文档、保存文档等文档基础操作等。

思维导图

Dreamweaver工作界面

菜单栏——常用菜单命令

文档工具栏——文档视图切换

通用工具栏——常用工具

标签选择器——选择标签

"属性"面板——设置属性

面板组——常用面板

网页设计常用面板

网页设计基本操作

创建与管理站点

创建站点——创建本地和远程站点

访问站点——编辑站点文件

编辑站点——修改站点属性

文档的基础操作

新建文档——创建文档

保存文档——保存当前文档

打开文档——打开已有文档

插入文档——应用已有文档

2.1 Dreamweaver工作界面

Dreamweaver是隶属于Adobe公司的一个专业的网页代码编辑器，用户可以使用该软件快速地设计制作网站，并进行管理。如图2-1所示为Dreamweaver的工作界面。

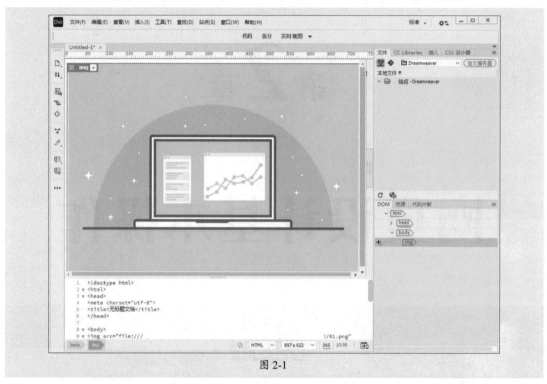

图 2-1

用户可以根据自己的使用习惯调整Dreamweaver的工作区布局。执行"窗口"|"工作区布局"命令，在弹出的级联菜单中执行"开发人员"或"标准"命令，即可实现工作区布局的快速切换，如图2-2所示。在该级联菜单中执行"新建工作区"命令，将打开"新建工作区"对话框。在该对话框中输入自定义工作区布局的名称，如图2-3所示，单击"确定"按钮即可新建工作区。新建的工作区布局名称会显示在"工作区布局"菜单中。

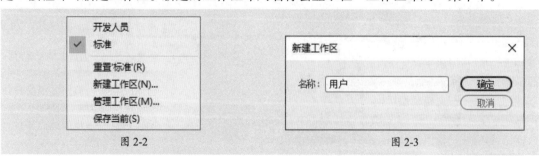

图 2-2   图 2-3

操作提示

执行"窗口"|"工作区布局"|"管理工作区"命令，将打开"管理工作区"对话框，可对新建的工作区进行重命名或删除操作。

2.2 网页设计常用面板

Dreamweaver工作界面中各面板具有不同的作用，本小节将对此分别进行介绍。

2.2.1 菜单栏——常用菜单命令

Dreamweaver软件的菜单栏中包括"文件""编辑""查看""插入""工具""查找""站点""窗口"和"帮助"九个菜单，如图2-4所示。

文件(F) 编辑(E) 查看(V) 插入(I) 工具(T) 查找(D) 站点(S) 窗口(W) 帮助(H)

图 2-4

这九个菜单的作用分别介绍如下。

- **文件：** 该菜单中包括所有与文件相关的操作。通过该菜单中的命令，可以执行新建、打开或存储文档等操作。
- **编辑：** 该菜单中包括所有与编辑相关的操作，如所有与文本、段落和列表相关的格式设置。
- **查看：** 该菜单中的命令可以切换文档的不同视图，还可以显示或隐藏不同类型的页面元素。
- **插入：** 通过执行该菜单中的命令，可以在网页中插入页面元素。
- **工具：** 该菜单中包括与 HTML、CSS、资料库、模板、拼写和命令相关的工具。
- **查找：** 该菜单中的命令可以在当前文档、文件夹、站点或所有打开的文档中查找和替换代码、文本或标签。
- **站点：** 站点是包含网站中所有文件和资源的集合。使用该菜单中的命令，可以新建、管理或编辑站点。
- **窗口：** 若要打开Dreamweaver软件中的面板、检查器或窗口，可以使用该菜单中的命令。
- **帮助：** 该菜单中的命令可以帮助用户更好地了解如何使用软件。

2.2.2 文档工具栏——文档视图切换

文档工具栏中的按钮用于切换文档的视图，包括"代码""拆分""设计"和"实时视图"四种，如图2-5所示。其中"代码"视图中显示纯代码；"拆分"视图中显示网页与代码；"设计"视图中将以所见即所得的方式设计网页，采用这种方式可以直观地看到设计效果；"实时视图"使用了一个基于chromium的渲染引擎，使用户设计的内容能得到实时的预览。

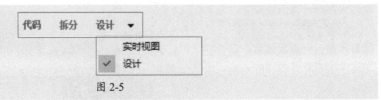

图 2-5

2.2.3 通用工具栏——常用工具

通用工具栏一般位于"文档"窗口的左侧，提供处理代码和HTML元素的各种命令。单击通用工具栏底部的"自定义工具栏"按钮 ⋯，可以打开"自定义工具栏"对话框，如图2-6所示。在该对话框中，用户可以根据需要显示或隐藏工具。

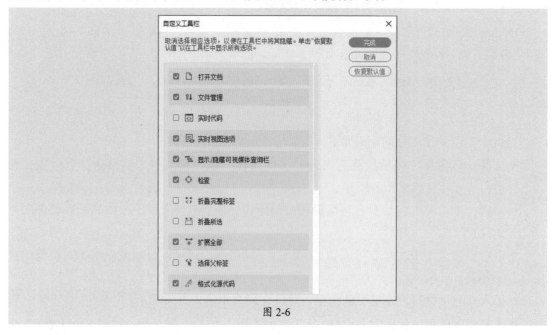

图 2-6

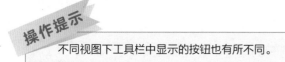

不同视图下工具栏中显示的按钮也有所不同。

2.2.4 标签选择器——选择标签

标签选择器显示环绕当前选定内容的标签的层次结构，如图2-7所示。单击该层次结构中的任意标签，即可选择该标签及其全部内容。右击标签，在弹出的快捷菜单中可以设置当前标签的属性。

图 2-7

2.2.5 "属性"面板——设置属性

"属性"面板显示当前选定页面元素的最常用属性，根据所选对象的不同，显示的属性也会随之变化。执行"窗口"|"属性"命令，即可打开"属性"面板。如图2-8所示为选择表格时的"属性"面板。

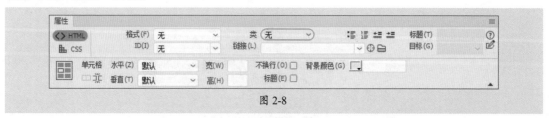

图 2-8

"属性"面板中部分选项的作用如下。

● **帮助**②：单击该按钮将打开相应的帮助页面，以便于用户的使用。

● **快速标签编辑器**②：单击该按钮可以在弹出的编辑器中快速地插入和编辑HTML标签。

2.2.6 面板组——常用面板

Dreamweaver工作界面右侧叠放着多个常用的面板，如"文件"面板、"CSS设计器"面板等。下面将对部分常用面板进行介绍。

1. "文件"面板

"文件"面板用于显示用户计算机中本地文件的列表。随着使用"文件"面板设置站点、设置到远程服务器的连接、启用存回和取出等操作的增多，此面板中将出现更多选项。如图2-9所示为打开的"文件"面板。通过"文件"面板，用户可以检查文件和文件夹是否与站点相关联，也可以执行标准文件维护操作（如打开和移动文件）。"文件"面板还可帮助用户管理文件，并在本地和远程服务器之间传输文件。

2. "插入"面板

"插入"面板中包含表格、按钮、图像等用于创建和插入对象的选项。这些选项被分为HTML、表单、Bootstrap组件、jQuery Mobile、jQuery UI和收藏夹等类别，如图2-10所示。选择"插入"面板中的类别，单击选项或将其拖曳至文档窗口中，即可插入对象。

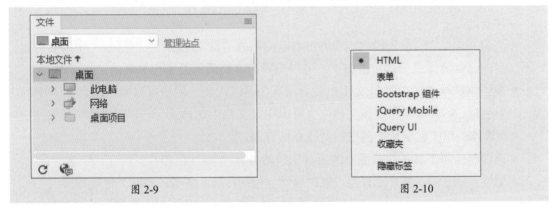

图 2-9　　　　　　　　　　　　　　　　　　　图 2-10

以上几个类别的作用分别如下。

● **HTML**：包含最常用的HTML元素，如Div标签、对象等。

● **表单**：包含用于创建表单和插入表单元素的按钮。

● **Bootstrap组件**：包含Bootstrap组件以提供导航、容器、下拉菜单，以及可在响应式项目中使用的其他功能。

● **jQuery Mobile**：包含使用jQuery Mobile构建站点的按钮。

● **jQuery UI**：用于插入jQuery UI元素，如折叠式、滑块或按钮等。

● **收藏夹**：用于将"插入"面板中最常用的按钮分组或组织到某一公共位置。

3. **"CSS 设计器"面板**

"CSS设计器"面板可以帮助用户创建CSS样式和规则并设置属性和媒体查询。如图2-11所示为"CSS设计器"面板。

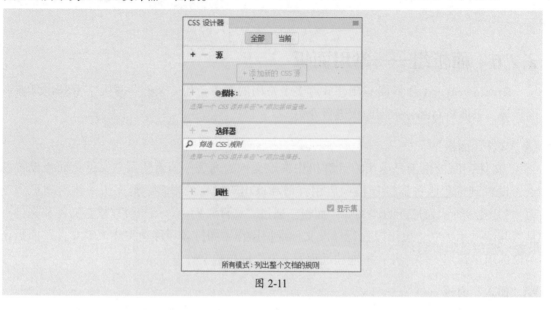

图 2-11

"CSS设计器"面板中各选项的作用如下。

- **全部**：选择"全部"模式，将列出与当前文档关联的所有CSS、媒体查询和选择器。用户可以筛选所需的CSS规则并修改属性，还可以使用此模式创建选择器或媒体查询。
- **当前**：选择"当前"模式，将列出当前文档的"设计"或"实时"视图中所有选定元素的已计算样式。选择该模式，可以编辑与文档所选元素相关联的选择器的属性。
- **源**：该选项组中包括与文档相关的所有CSS样式表。用户可以根据该选项卡中的内容创建CSS并将其附加到文档，也可以定义文档中的样式。
- **@媒体**：用于显示所选源中的所有媒体查询。
- **选择器**：用于显示所选源中的所有选择器。
- **属性**：用于显示指定选择器设置的属性，包括布局、文本、边框、背景等。

2.3　创建与管理站点

站点指网站中使用的所有文件和资源的集合。本小节将对站点的创建与管理进行介绍。

2.3.1　案例解析：创建站点

在学习创建与管理站点之前，可以跟随以下步骤了解并熟悉如何使用"新建站点"命令新建站点。

步骤01 打开Dreamweaver软件，执行"站点"|"新建站点"命令，打开"站点设置对象"对话框，设置站点名称，如图2-12所示。

图 2-12

步骤 **02** 单击"本地站点文件夹"文本框右侧的"浏览文件夹"按钮📁，打开"选择根文件夹"对话框，选择根文件夹，如图2-13所示。

图 2-13

步骤 **03** 单击"选择文件夹"按钮返回至"站点设置对象"对话框，单击"保存"按钮新建站点，新建站点将出现在"文件"面板中，如图2-14所示。

步骤 **04** 在"文件"面板中选中站点并右击，在弹出的快捷菜单中执行"新建文件夹"命令，创建一个新文件夹，并设置其名称，如图2-15所示。

图 2-14   图 2-15

步骤 05 使用相同的方法继续新建文件夹并修改其名称，效果如图2-16所示。

步骤 06 选中index文件夹并右击，在弹出的快捷菜单中执行"新建文件"命令，新建文件并修改其名称，如图2-17所示。

图 2-16   图 2-17

至此，完成站点的创建。

2.3.2 创建站点——创建本地和远程站点

Dreamweaver站点分为本地站点和远程站点两种，其中本地站点中存储着网站中的所有文件；远程站点是指将存储于Internet服务器上的站点和相关文档。

1. 创建本地站点

执行"站点"|"新建站点"命令，在打开的"站点设置对象"对话框中设置站点名称及本地站点文件夹的路径和名称，如图2-18所示。单击"保存"按钮，即可创建本地站点，此时"文件"面板中将显示新创建的站点文件夹。

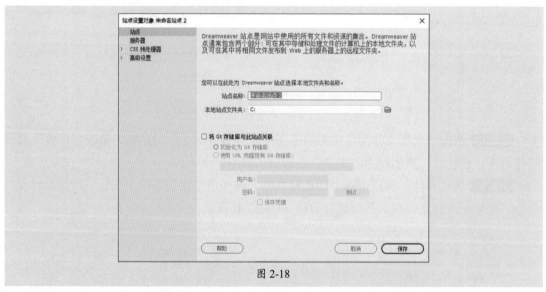

图 2-18

"站点设置对象"对话框中各选项卡的作用如下。

- **站点：** 用于设置站点的基本信息，如站点名称、本地站点文件夹等。
- **服务器：** 用于指定远程服务器和测试服务器。远程服务器可以指定远程文件夹的位置，远程文件夹通常位于运行Web服务器的计算机上。

- **CSS预处理器**: 用于预处理CSS的相关选项, 如CSS输出、源文件夹等。
- **高级设置**: 用于站点的高级设置, 如在网站开发过程中记录开发过程中的信息、设置字体等。

2. 创建远程站点

创建远程站点的方法与创建本地站点的方法类似, 但在"站点设置对象"对话框中创建站点名称和文件夹后, 需要切换至"服务器"选项卡添加新服务器作为远程服务器。

2.3.3 访问站点——编辑站点文件

在"文件"面板中选中站点即可将其打开。用户可以在"文件"面板中新建文件或文件夹, 还可以对文件或文件夹进行编辑。

1. 新建文件或文件夹

执行"窗口" | "文件"命令, 打开"文件"面板。选中站点并右击, 在弹出的快捷菜单中执行"新建文件夹"命令, 即可创建一个新文件夹, 如图2-19所示。选中文件夹并右击, 在弹出的快捷菜单中执行"新建文件"命令, 即可新建文件, 如图2-20所示。

图 2-19   图 2-20

2. 编辑文件或文件夹

选中"文件"面板中的文件或文件夹并右击, 在弹出的快捷菜单中执行"编辑"子菜单中的命令, 即可复制、剪切或删除选中的对象。图2-21所示为"编辑"子菜单。

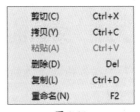

图 2-21

2.3.4 编辑站点——修改站点属性

通过"管理站点"对话框可以对创建的站点的属性进行编辑修改。执行"站点" | "管理站点"命令或在"文件"面板的"文件"下拉菜单中选择"管理站点"命令, 打开"管理站点"对话框, 如图2-22所示。选中要编辑的站点, 单击"编辑当前选定的站点"按钮, 即可打开"站点设置对象"对话框, 在其中设置参数, 完成后单击"保存"按钮, 即可修改站点属性。

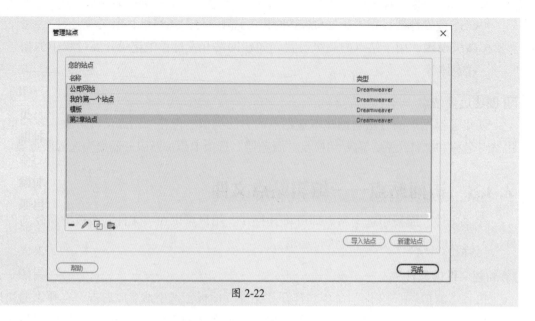

图 2-22

"管理站点"对话框中各按钮的作用如下。

- **导入站点**：单击该按钮，可以将ste文件重新导入"管理站点"对话框中。
- **新建站点**：单击该按钮，可以打开"站点设置对象"对话框新建站点。
- **删除当前选定的站点**：单击该按钮，可以删除当前选定的站点。
- **编辑当前选定的站点**：单击该按钮，可以打开"站点设置对象"对话框对当前选定的站点进行编辑修改。
- **复制当前选定的站点**：单击该按钮，可以将已有站点复制为新站点，简单编辑后，即可创建结构相似的站点。
- **导出当前选定的站点**：单击该按钮，可以将当前选中的站点设置导出为ste文件，以便在不同设备和产品版本上重用这些设置。

2.4 文档的基础操作

在创建网页之前，首先需要创建文档。本小节将对文档的创建、保存、插入等操作进行讲解。

2.4.1 案例解析：插入Word文档

在学习文档的基础操作之前，可以跟随以下步骤了解并熟悉如何使用"新建"命令新建文档以及导入素材并进行保存。

步骤 01 打开Dreamweaver软件，执行"站点"|"新建站点"命令新建站点，如图2-23所示。

步骤 02 执行"文件"|"新建"命令，打开"新建文档"对话框，切换到"新建文档"选项卡，选择"</>HTML"文档类型，单击"创建"按钮新建文档，如图2-24所示。

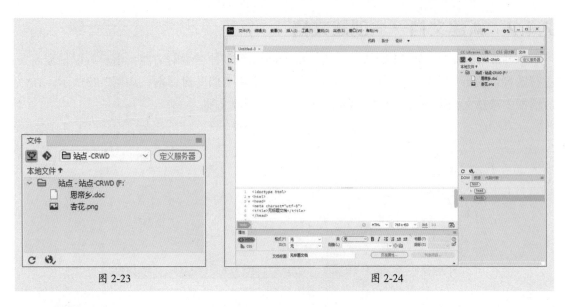

图 2-23　　　　　　　　　　　　　　　　图 2-24

步骤 03 选择"文件"面板中的Word文档，将其拖曳至文档窗口中，打开"插入文档"对话框，选择合适的选项，如图2-25所示。

步骤 04 单击"确定"按钮，插入Word文档，如图2-26所示。

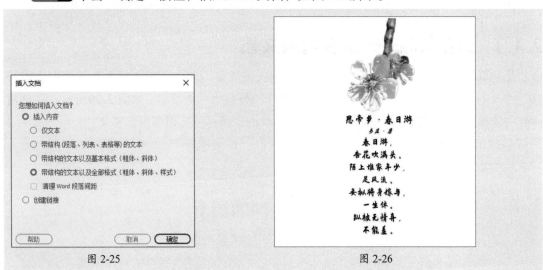

图 2-25　　　　　　　　　　　　　　　　图 2-26

步骤 05 执行"文件"|"保存"命令，打开"另存为"对话框，设置存储路径及文件名，如图2-27所示。设置完成后单击"保存"按钮保存文档。

至此完成Word文档的插入与保存操作。

图 2-27

23

2.4.2　新建文档——创建文档

Dreamweaver支持创建HTML、CSS、JavaScript等多种类型的文档，用户可以根据需要进行选择。执行"文件"|"新建"命令，打开"新建文档"对话框，如图2-28所示。在该对话框中选择文档类型后，单击"创建"按钮即可新建文档。

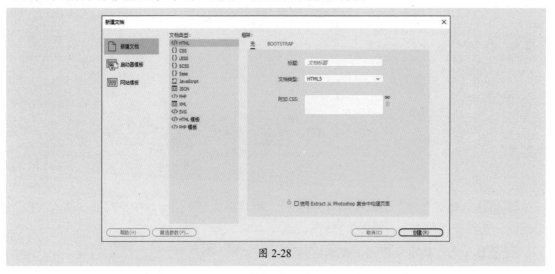

图 2-28

2.4.3　保存文档——保存当前文档

及时保存文档，可以避免误操作造成的损失或软件卡顿造成的文档丢失等情况。执行"文件"|"保存"命令或按Ctrl+S组合键，打开"另存为"对话框，如图2-29所示。在该对话框中选择文档保存路径，并输入文件名后，单击"保存"按钮即可保存文档。

图 2-29

操作提示

已经保存过的文件，再次执行"文件"|"保存"命令或按Ctrl+S组合键将直接保存。用户可以执行"文件"|"另存为"命令将其另存。

完成网页的制作与保存后，即可关闭网页文档。执行"文件"|"关闭"命令，或单击文档名称右侧的"关闭"按钮⊠，即可关闭当前文档；执行"文件"|"全部关闭"命令，将关闭软件中所有打开的文档。

2.4.4 打开文档——打开已有文档

执行"文件"|"打开"命令或按Ctrl+O组合键，打开"打开"对话框，如图2-30所示。在该对话框中选择要打开的文件，单击"打开"按钮，即可将其打开。用户也可以执行"文件"|"打开最近的文件"命令，在其子菜单中选择最近打开过的文件将其打开。

图 2-30

2.4.5 插入文档——应用已有文档

将编辑好的文档直接插入网页中，可以节省制作时间。新建网页文档，从"文件"面板或文件夹中直接拖曳Excel文档或Word文档至文档窗口中，即可打开"插入文档"对话框，如图2-31所示。在该对话框中进行设置，完成后单击"确定"按钮，即可插入文档。

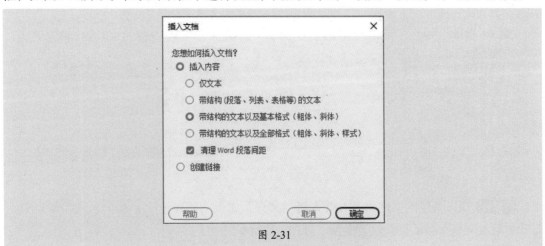

图 2-31

课堂实战 创建个人站点

本章课堂实战练习创建个人站点，以综合练习本章的知识点，并熟练掌握和巩固素材的操作。下面将介绍具体的操作步骤。

步骤 01 打开Dreamweaver软件，执行"站点"|"新建站点"命令，打开"站点设置对象"对话框，设置站点名称及本地站点文件夹，如图2-32所示。

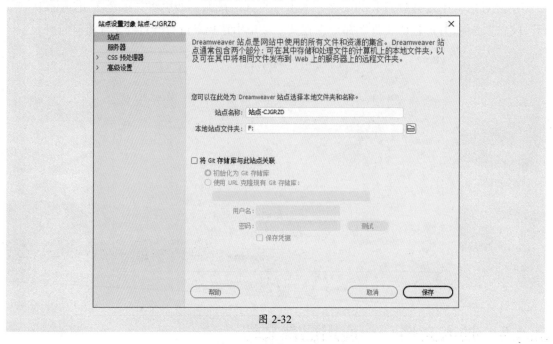

图 2-32

步骤 02 单击"保存"按钮新建站点，如图2-33所示。

步骤 03 在"文件"面板中选中站点并右击，在弹出的快捷菜单中执行"新建文件"命令创建文件，并设置其名称，如图2-34所示。

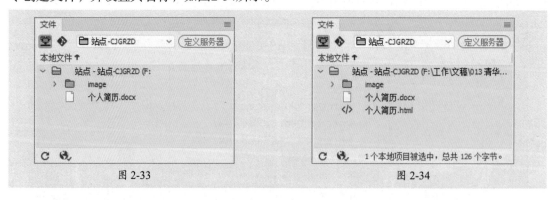

图 2-33　　　　　　　　　　　　　　　　　图 2-34

步骤 04 双击新建的文件将其打开，将"文件"面板中的Word文档拖曳至文档窗口中，打开"插入文档"对话框并设置参数，如图2-35所示。

步骤 05 单击"确定"按钮插入文档，效果如图2-36所示。

步骤 06 按Ctrl+S组合键保存文件。按F12键在浏览器中预览效果，如图2-37所示。

图 2-37

至此，完成个人站点的创建。

课后练习 认识首选项

　　"首选项"对话框中的选项可以帮助用户设置软件参数，如设置主浏览器、历史步骤最多次数等，使其符合用户的操作习惯。执行"编辑"|"首选项"命令或按Ctrl+U组合键，打开"首选项"对话框，如图2-38所示。在该对话框中选择"分类"列表框中的选项。然后进行设置，单击"应用"按钮即可应用设置。

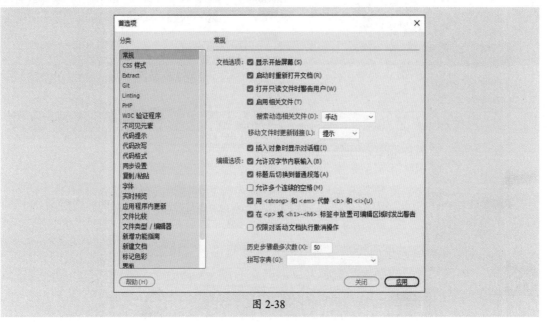

图 2-38

南京博物院

南京博物院位于江苏省南京市，是中国三大博物馆之一，其前身是1933年蔡元培等倡建的国立中央博物院。南京博物院是一家综合性的国家级博物馆，馆内藏品丰富，珍贵文物数量居中国第二，仅次于故宫博物院。南京博物院的藏品均为历朝历代藏品佳作，展现了中华文明历史发展进程。网站首页如图2-39所示。

图 2-39

南京博物院包括历史馆、特展馆、数字馆、艺术馆、非遗馆和民国馆六馆，分别展示了不同系列的文物。如历史馆展示了从数十万年前的旧石器时代至明清时期的文物藏品，民国馆还原了中国近代史的记忆，如图2-40所示。

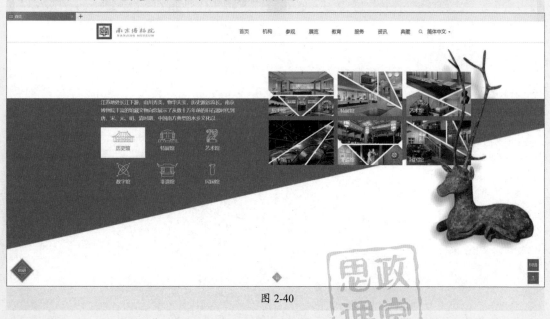

图 2-40

第**3**章

常见网页元素及应用

内容导读

网页中会用到文本、图像、音视频等多种元素。本章将对网页中元素的应用进行介绍，包括文本的创建、文本属性的设置、特殊符号的插入；图像的插入与编辑；音视频元素的应用等。

思维导图

图像常用格式——了解图像

插入图像——应用图像

图像对齐方式——设置图像对齐

设置网页背景图像——设置背景图

鼠标经过图像——切换图像

编辑图像——修改图像属性

图像元素的应用

常见网页元素及应用

文本元素的应用

其他多媒体元素

创建文本——添加文本

设置网页中的文本属性——文本属性设置

在网页中插入特殊元素——"插入"命令的使用

视频元素——插入视频

音频元素——插入音频

3.1 文本元素的应用

文本是网页中最常见的元素，通过文本可以精准地传递网页信息。本小节将对网页中文本的创建及属性设置进行讲解。

3.1.1 案例解析：制作散文网页

在学习文本元素的应用之前，可以跟随以下步骤了解并熟悉如何通过创建文字并设置其属性制作散文网页。

步骤 01 执行"站点"|"新建站点"命令新建站点，如图3-1所示。

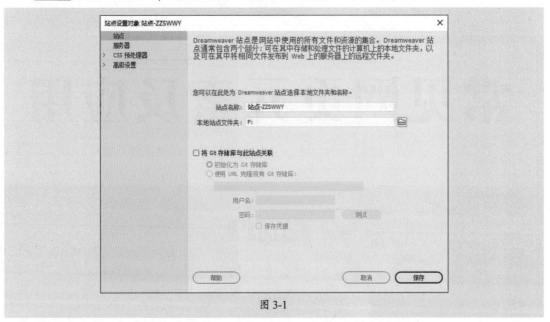

图 3-1

步骤 02 在"文件"面板中新建"制作散文网页"文件。双击打开该文件，将"文件"面板中的01.png素材拖曳至文档窗口中，如图3-2所示。

图 3-2

步骤 03 按Enter键换行，输入文字，如图3-3所示。

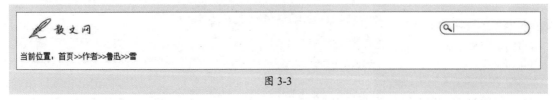

图 3-3

步骤 04 继续按Enter键，输入文字，完成后的效果如图3-4所示。

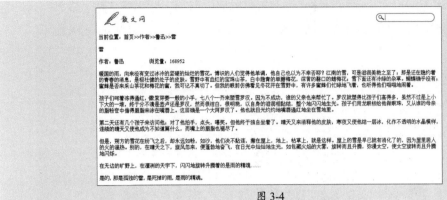

图 3-4

操作提示

切换输入法为全角模式后，按空格键即可在文字之间添加空格。

步骤 05 按Enter键换行，添加"文件"面板中的02.png素材，如图3-5所示。

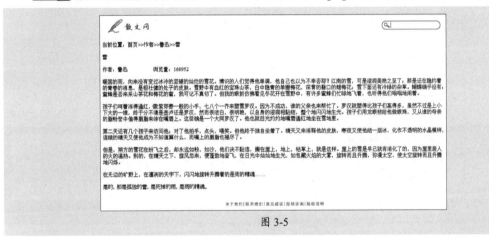

图 3-5

步骤 06 选中第2行和第3行文字，在"属性"面板中，单击CSS属性检查器中的"居中对齐"按钮▇，设置其居中对齐，如图3-6所示。

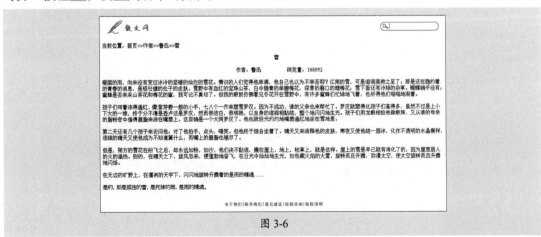

图 3-6

步骤07 选中第2行文字，在"属性"面板的HTML属性检查器中设置"格式"为"标题1"；选中第3行文字，在CSS属性检查器中设置"大小"为14px，效果如图3-7所示。

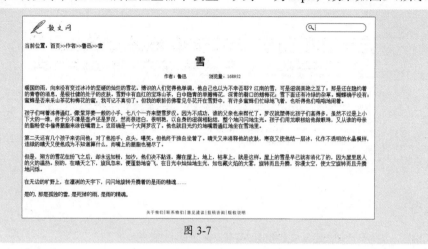

图 3-7

步骤08 选中正文部分，执行"编辑"|"文本"|"缩进"命令，设置段落缩进，效果如图3-8所示。

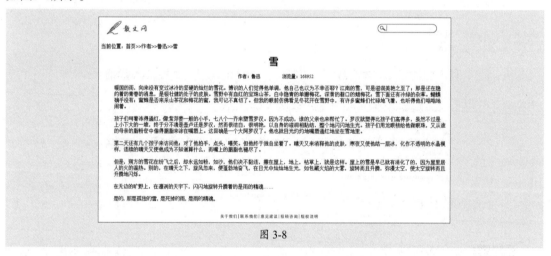

图 3-8

步骤09 切换至"代码"视图，修改代码内容，如图3-9所示。

图 3-9

此处代码如下。

```
<p style="text-indent: 2em">暖国的雨，向来没有变过冰冷的坚硬的灿烂的雪花。博识的人们觉得他单调，
他自己也以为不幸否耶？江南的雪，可是滋润美艳之至了；那是还在隐约着的青春的消息，是极壮健的
处子的皮肤。雪野中有血红的宝珠山茶，白中隐青的单瓣梅花，深黄的磬口的蜡梅花；雪下面还有冷绿
的杂草。蝴蝶确乎没有；蜜蜂是否来采山茶花和梅花的蜜，我可记不真切了。但我的眼前仿佛看见冬花
开在雪野中，有许多蜜蜂们忙碌地飞着，也听得他们嗡嗡地闹着。</p>
<p style="text-indent: 2em">孩子们呵着冻得通红，像紫芽姜一般的小手，七八个一齐来塑雪罗汉。因为不
成功，谁的父亲也来帮忙了。罗汉就塑得比孩子们高得多，虽然不过是上小下大的一堆，终于分不清是
壶卢还是罗汉；然而很洁白，很明艳，以自身的滋润相黏结，整个地闪闪地生光。孩子们用龙眼核给他
做眼珠，又从谁的母亲的脂粉奁中偷得胭脂来涂在嘴唇上。这回确是一个大阿罗汉了。他也就目光灼灼
地嘴唇通红地坐在雪地里。</p>
<p style="text-indent: 2em">第二天还有几个孩子来访问他；对了他拍手，点头，嘻笑。但他终于独自坐着
了。晴天又来消释他的皮肤，寒夜又使他结一层冰，化作不透明的模样；连续的晴天又使他成为不知道
算什么，而嘴上的胭脂也褪尽了。</p>
<p style="text-indent: 2em">但是，朔方的雪花在纷飞之后，却永远如粉，如沙，他们决不黏连，撒在屋
上，地上，枯草上，就是这样。屋上的雪是早已就有消化了的，因为屋里居人的火的温热。别的，在晴
天之下，旋风忽来，便蓬勃地奋飞，在日光中灿灿地生光，如包藏火焰的大雾，旋转而且升腾，弥漫太
空；使太空旋转而且升腾地闪烁。</p>
<p style="text-indent: 2em">在无边的旷野上，在凛冽的天宇下，闪闪地旋转升腾着的是雨的精魂……</p>
<p style="text-indent: 2em">是的，那是孤独的雪，是死掉的雨，是雨的精魂。</p>
```

步骤 10 切换至"设计"视图，移动鼠标指针至正文第一段开头，执行"插入"|HTML|"水平线"命令，插入水平线，如图3-10所示。

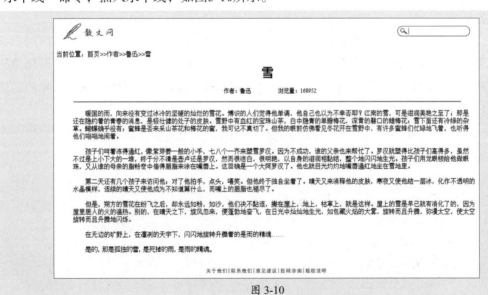

图 3-10

步骤 11 至此完成散文网页的制作，按Ctrl+S组合键保存文件。按F12键在浏览器中预览效果，如图3-11所示。

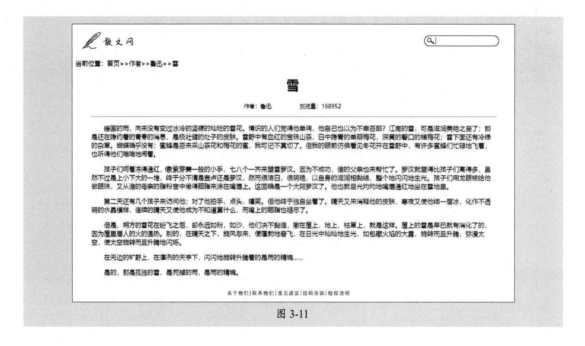

图 3-11

3.1.2　创建文本——添加文本

在Dreamweaver软件中可以通过输入文本和导入文本两种方式创建文本，下面将对这两种方式进行介绍。

1. 输入文本

在Dreamweaver文档中输入文本的方法非常简单，打开文档后，将鼠标指针定位到需要输入文本的地方，输入文字即可，如图3-12所示。

2. 导入文本

导入文本可以保留Word文档中的设置，节省设置时间。打开需要导入文本的网页文件，执行"窗口"|"文件"命令，在弹出的"文件"面板中选中Word文档，将其拖曳至文档窗口中，在弹出的"插入文档"对话框中设置参数，如图3-13所示。完成后单击"确定"按钮，即可导入文档。

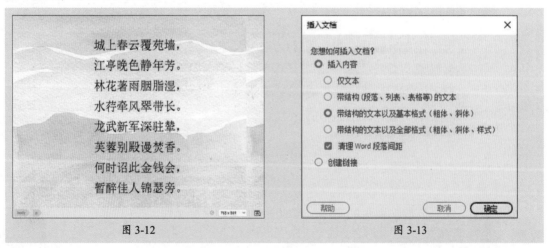

图 3-12　　　　　　　　　　　　　　　　图 3-13

3.1.3 设置网页中的文本属性——文本属性设置

创建文本后，还需要根据情况对其属性进行设置，以获得更佳的显示效果。"属性"面板可以实现大部分的文本属性设置，该面板中包括CSS属性检查器和HTML属性检查器两部分，如图3-14、图3-15所示。下面将对此进行说明。

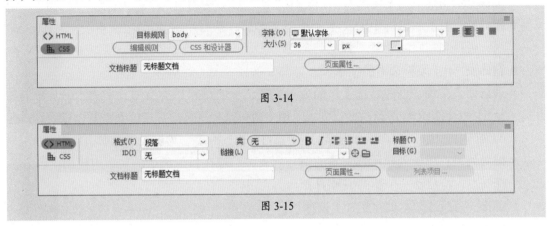

图 3-14

图 3-15

1. CSS 属性检查器

在CSS属性检查器中，用户可以使用层叠样式表设置文本，这是一种能控制网页样式而不损坏其结构的方式。CSS属性检查器中部分选项的作用如下。

- **目标规则**：用于选择CSS规则。
- **编辑规则**：单击该按钮，将打开目标规则的"CSS规则定义"对话框，在该对话框中可以对CSS规则进行定义。
- **CSS和设计器**：单击该按钮，将打开"CSS设计器"面板，并在当前视图中显示目标规则的属性。
- **字体**：用于更改目标规则的字体。选择"字体"下拉列表框中的"管理字体"选项，打开"管理字体"对话框，可以选择其他字体进行应用。
- **大小**：用于设置目标规则的字体大小。一般来说，网页中的正文字体不要太大，12～14 px即可。
- **颜色**：用于设置目标规则中的字体颜色。选中文字后单击该按钮，在弹出的颜色选择器中选取颜色，或直接输入十六进制颜色数值。
- **段落对齐方式**：用于设置段落相对于文件窗口（或浏览器窗口）在水平方向上的对齐方式。

操作提示

在制作网页时，一般使用宋体或黑体这两种字体。宋体和黑体是大多数计算机系统中默认安装的字体，采用这两种字体，可以避免因浏览网页的计算机中没有安装特殊字体而导致网页页面不美观的问题。

2. HTML 属性检查器

HTML属性检查器通过添加HTML标签设置文本样式，可以设置文本的字体、大小、颜色、边距等属性。HTML属性检查器中部分选项的作用如下。

- **格式：**用于设置所选文本或段落的格式，该下拉列表框中包含多种格式，如段落格式、标题格式及预先格式化等，可按需进行选择。
- **ID：**用于设置所选内容的ID。
- **类：**显示当前应用于所选文本的类样式。
- **粗体B：**用于加粗选中的文本。选中文本后，执行"编辑"|"文本"|"粗体"命令，可得到相同的效果。
- **斜体I：**用于倾斜选中的文本。
- **项目列表：**用于创建所选文本的项目列表，一般在列举类型的文本中使用。若未选择文本，将启动一个新的项目列表。用户也可以将鼠标指针定位到需要设置项目列表的文档中，执行"编辑"|"列表"|"项目列表"命令，为该段落添加项目列表。
- **编号列表：**用于创建所选文本的编号列表，一般在条款类型的文本中使用。若未选择文本，将启动一个新的编号列表。
- **链接：**为所选文本创建超文本链接。
- **标题：**为超级链接指定文本提示。
- **目标：**用于指定准备加载链接文档的方式。_blank可以将链接文件加载到一个新的、未命名的浏览器窗口。_parent可以将链接文件加载到该链接所在框架的父框架集或父窗口中，如果包含链接的框架不是嵌套的，则链接文件加载到整个浏览器窗口中。_self可以将链接文件加载到该链接所在的同一框架或窗口中，此目标是默认的，因此通常不需要指定它。_top可以将链接文件加载到整个浏览器窗口，从而删除所有框架。

操作提示

执行"编辑"|"文本"命令，在其子菜单中可设置文本缩进、下画线、删除线等。

3.1.4　在网页中插入特殊元素——"插入"命令的使用

若需要插入特殊符号、水平线等元素，可以通过"插入"命令来实现。

1. 插入特殊符号

除了常规的字母、字符、数字外，在网页中还可以插入特殊的符号，如商标符、版权符等。移动鼠标指针至要插入特殊符号的位置，执行"插入"|HTML|"字符"命令，在其子菜单中选择命令即可。如图3-16所示为"字符"子菜单。若选择其中的"其他字符"命令，即可打开"插入其他字符"对话框，如图3-17所示。在该对话框中，选择需要的字符后单击"确定"按钮，即可将其插入。

2. 插入水平线

水平线可以很好地分隔对象，是网页中常用的元素。执行"插入"|HTML|"水平线"命令，即可在网页中插入水平线。如图3-18、图3-19所示为插入水平线前后的效果。

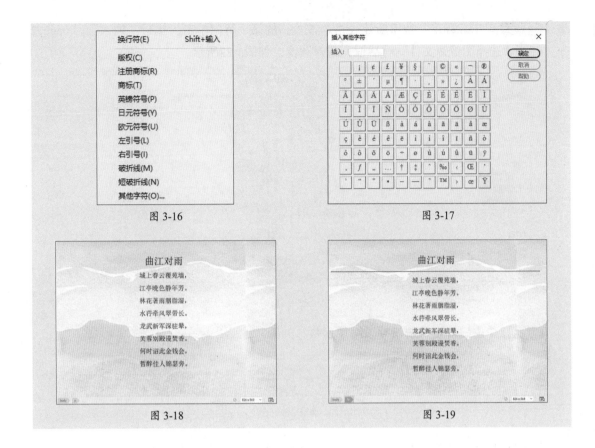

图 3-16

图 3-17

图 3-18

图 3-19

3.2 图像元素的应用

图像是网页设计中不可或缺的元素，它可以使所表达的信息更直观。本小节将针对网页中的图像应用进行介绍。

3.2.1 案例解析：制作图像网页

在学习图像元素的应用之前，可以跟随以下步骤了解并熟悉如何插入图像并调整制作图像网页。

步骤 01 执行"站点"|"新建站点"命令新建站点，如图3-20所示。

步骤 02 在"文件"面板中新建"制作图像网页"文件。双击打开该文件，执行"插入"|Table命令，打开Table对话框，设置表格参数，如图3-21所示。

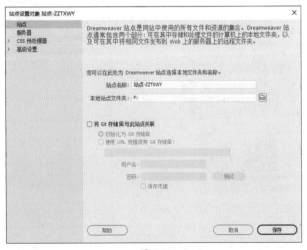

图 3-20

步骤 03 单击"确定"按钮新建表格。在表格的第一行内单击，执行"插入"| Image命令，打开"选择图像源文件"对话框，选择图像，如图3-22所示。

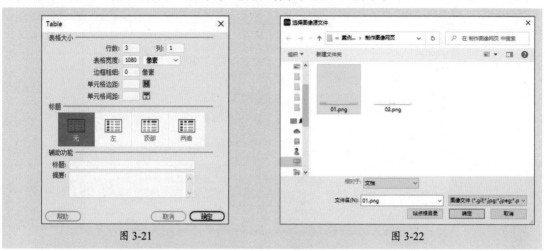

图 3-21　　　　　　　　　　　　　　　　　　　图 3-22

步骤 04 单击"确定"按钮导入图像素材，如图3-23所示。

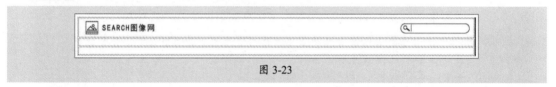

图 3-23

步骤 05 使用相同的方法在第三行单元格中插入图像，如图3-24所示。

图 3-24

步骤 06 移动鼠标指针至第二行单元格中，执行"插入"| Table命令，打开Table对话框，设置表格参数，如图3-25所示。

步骤 07 单击"确定"按钮新建表格，如图3-26所示。

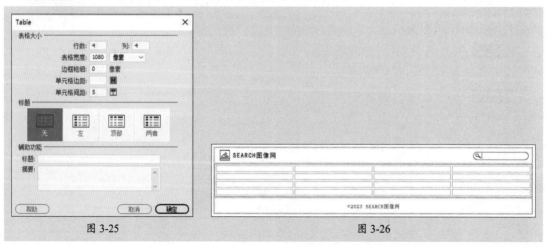

图 3-25　　　　　　　　　　　　　　　　　　　图 3-26

步骤 08 依次在表格单元格中插入图像，并在"属性"面板中调整图像大小，完成后的效果如图3-27、图3-28所示。

图 3-27

图 3-28

操作提示

选中两个相邻单元格，执行"编辑"|"表格"|"合并单元格"命令可以合并单元格。

步骤 09 在最后一个单元格中输入文字，在"属性"面板的HTML属性检查器中设置单元格的"水平"属性为"居中对齐"，效果如图3-29所示。

图 3-29

步骤 **10** 至此完成图像网页的制作。按Ctrl+S组合键保存文件，按F12键在浏览器中预览效果，如图3-30所示。

图 3-30

3.2.2　图像常用格式——了解图像

进行网页设计时常用到GIF、JPEG和PNG等格式的图像。大部分浏览器支持显示GIF和JPEG文件格式。而PNG文件虽然具有较大的灵活性且文件较小，但是Microsoft Internet Explorer和Netscape Navigator只能部分支持PNG图像的显示。下面将对常用图像格式进行说明。

1. GIF 格式

GIF是graphics interchange format的缩写，即图像交换格式。GIF文件最高支持256种颜色，比较适用于色彩较少的图片，例如导航条、按钮、图标、徽标或其他具有统一色彩和色调的图像等。

GIF格式最大的优点就是能制作动态图像，它可以将数张静态文件串联起来，创建动态效果；GIF格式的另一优点是可以将图像以交错的方式在网页中呈现，即当图像尚未下载完全时，浏览器会先以马赛克的形式将图像慢慢显示，让浏览者可以大略猜出下载图像的雏形。

2. JPEG 格式

JPEG（joint photographic experts group）即联合图像专家组，是由国际标准化组织制定、面向连续色调静止图像的一种压缩标准。该格式通过有损压缩，可以得到占据较小储存空间的图像。同时，JPEG格式具有调节图像质量的功能，用户可以根据需要选择合适的压缩比例，压缩比越大，图像质量越低。

JPEG格式支持24位真彩色，可以较好地保留图像色彩信息，但不支持透明背景色。该格式的图像被广泛应用于网页制作上，尤其是在表现色彩丰富、物体形状结构复杂的图片等方面，JPEG有着无可替代的优势。

3. PNG 格式

PNG是portable network graphic的缩写，即便携式网络图形。该文件格式采用无损压缩，体积小，并且支持索引色、灰度、真彩色图像以及Alpha透明通道等。PNG文件可保留所有原始层、矢量、颜色和效果信息，并且在任何时候所有元素都是可以完全编辑的。文件必须具有.png文件扩展名才能被Dreamweaver识别为PNG文件。

3.2.3　插入图像——应用图像

在Dreamweaver中插入图像有两种常用的方法：使用"插入"命令和HTML标签。这两种方法的具体操作如下。

1. "插入"命令

新建网页文档，执行"插入"| Image命令，或按Ctrl+Alt+I组合键，打开"选择图像源文件"对话框，如图3-31所示。在该对话框中选择要插入的图像，单击"确定"按钮即可在网页中插入图像，如图3-32所示。

图 3-31　　　　　　　　　　　　　　　　　图 3-32

2. HTML 标签

新建网页文档，切换至"代码"视图，移动鼠标指针至<body></body>标签之间，输入<img>标签，在<img>标签中输入src，在弹出的列表中选择src，此时代码变为<img src="">，单击弹出的"浏览"按钮，打开"选择文件"对话框，选择素材文件后单击"确定"按钮，即可插入图像，如图3-33所示。切换至"设计"视图，效果如图3-34所示。

图 3-33 　　　　　　　　　　　　　　　　　　图 3-34

操作提示

将图像插入Dreamweaver文档中时，HTML代码会生成对该图像文件的引用。为了确保该引用的正确性，图像文件必须位于当前站点中。如果图像文件不在当前站点中，Dreamweaver会询问是否要将此文件复制到当前站点中。

3.2.4 图像对齐方式——设置图像对齐

当网页中存在多个图像时，可以设置其对齐方式，使页面更加整洁有序。用户可以设置图像与同一行中的文本、图像、插件或其他元素对齐，也可以设置图像的水平对齐方式。选中图像后右击，在弹出的快捷菜单中执行"对齐"命令，即可用其子菜单中的命令设置对齐方式，如图3-35所示。

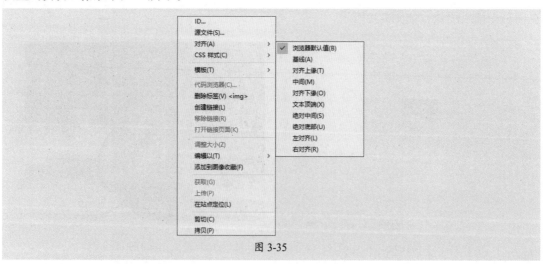

图 3-35

Dreamweaver中包括10种图像和文字的对齐方式，下面将分别进行介绍。

- **浏览器默认值：** 用于设置图像与文本的默认对齐方式。
- **基线：** 将文本的基线与选定对象的底部对齐，其效果与"浏览器默认值"对齐方式的效果基本相同。
- **对齐上缘：** 将页面第1行中的文字与图像的上边缘对齐，其他行不变。

- **中间**：将第1行中的文字与图像的中间位置对齐，其他行不变。
- **对齐下缘**：将文本（或同一段落中的其他元素）的基线与选定对象的底部对齐，与"浏览器默认值"对齐方式的效果类似。
- **文本顶端**：将图像的顶端与文本行中最高字符的顶端对齐，与"对齐上缘"对齐方式的效果类似。
- **绝对中间**：将图像的中部与当前行中文本的中部对齐，与"中间"对齐方式的效果类似。
- **绝对底部**：将图像的底部与文本行的底部对齐，与"对齐下缘"对齐方式的效果类似。
- **左对齐**：图片将基于全部文本的左边对齐，如果文本内容的行数超过了图片的高度，则超出的内容再次基于页面的左边对齐。
- **右对齐**：与"左对齐"对齐方式相对应，图片将基于全部文本的右边对齐。

3.2.5 设置网页背景图像——设置背景图

背景图可以丰富网页画面，且不影响文本、图像等元素的添加。打开网页文档，单击"属性"面板中的"页面属性"按钮，打开"页面属性"对话框，切换至"外观（CSS）"选项卡，如图3-36所示。

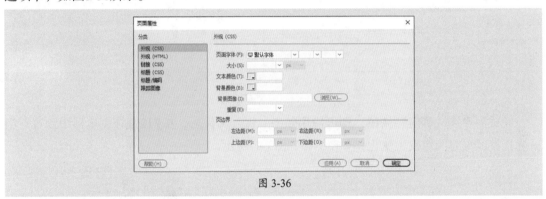

图 3-36

单击"背景图像"文本框右侧的"浏览"按钮，打开"选择图像源文件"对话框，在其中选择要打开的图像，单击"确定"按钮，返回至"页面属性"对话框，单击"确定"按钮即可。如图3-37所示为添加背景图像后的效果。

图 3-37

"页面属性"对话框中部分常用参数的作用如下。

- **背景颜色：**用于设置页面的背景颜色。
- **背景图像：**用于设置页面的背景图像。可以单击"浏览"按钮，在弹出的对话框中选择图像；也可以直接输入图像路径。
- **重复：**用于设置背景图像在水平或垂直方向是否重复，包括no-repeat（图像不重复）、repeat（重复）、repeat-x（横向重复）和repeat-y（纵向重复）4个选项。

3.2.6　鼠标经过图像——切换图像

"鼠标经过图像"命令可以制作在浏览器中鼠标指针经过图像时图像切换的效果。使用该命令，需要有原始图像和鼠标经过图像两个图像文件，且两个图像的大小必须相同。

在网页文档中定位鼠标指针至要插入图像的位置，执行"插入"|HTML|"鼠标经过图像"命令，打开"插入鼠标经过图像"对话框，如图3-38所示。在该对话框中设置"原始图像"和"鼠标经过图像"文本框，如图3-39所示。

图 3-38

图 3-39

完成后单击"确定"按钮，即可应用效果。保存文件后，按F12键在浏览器中预览，当鼠标指针经过时图像发生变化，如图3-40、图3-41所示。

图 3-40

图 3-41

操作提示

若原始图像和鼠标经过图像大小不一样，软件将调整第二个图像的大小，以与第一个图像的属性匹配。

3.2.7　编辑图像——修改图像属性

选中插入的图像，在"属性"面板中可以设置其属性。执行"窗口"|"属性"命令，或按Ctrl+F3组合键，打开"属性"面板。选择插入的图像，"属性"面板中将显示该图像的属性，如图3-42所示。

图 3-42

1. 宽和高

在Dreamweaver软件中，图像的宽度和高度单位默认为像素。插入图像时，Dreamweaver会自动根据图像的原始尺寸更新"属性"面板中"宽"和"高"的尺寸。如需恢复原始值，可以单击"宽"和"高"文本框，或单击"宽"和"高"文本框右侧的"重置为原始大小"按钮🔒。

操作提示

> 若设置的宽和高的值与图像的实际宽度和高度不符，则该图像在浏览器中可能不会正确显示。

2. 图像源文件 Src

用于指定图像的源文件。单击该文本框右侧的"浏览文件"按钮🖿，将打开"选择图像源文件"对话框，可以重新选择文件。

3. 链接

用于指定图像的超链接。单击该文本框右侧的"浏览文件"按钮🖿，将打开"选择文件"对话框，在其中选择对象后单击"确定"按钮，即可建立超链接。按F12键测试，单击原图像，将跳转至链接对象。

4. 替换

用于指定在只显示文本的浏览器或已设置为手动下载图像的浏览器中代替图像显示的替代文本。如果用户的浏览器不能正常显示图像，替换文字代替图像给用户提示。对于使用语音合成器（用于只显示文本的浏览器）的有视觉障碍的用户，浏览器将大声读出该文本。在某些浏览器中，当鼠标指针滑过图像时，也会显示该文本。

5. 地图和热点工具

允许标注和创建客户端图像地图。

6. 目标

指定链接的页应加载到的框架或窗口（当图像没有链接到其他文件时，此下拉列表框不可用）。当前框架集中所有框架的名称都显示在"目标"下拉列表框中，也可选用下列保留目标名。

- **_blank**：将链接的文件加载到一个未命名的新浏览器窗口中。
- **_parent**：将链接的文件加载到含有该链接的框架的父框架集或父窗口中。如果包含链接的框架不是嵌套的，则链接文件加载到整个浏览器窗口中。
- **_self**：将链接的文件加载到该链接所在的同一框架或窗口中。此目标是默认的，所以通常不需要指定它。
- **_top**：将链接的文件加载到整个浏览器窗口中。

7. 编辑

单击该按钮，将打开与Dreamweaver相关联的外部应用程序以编辑图片。若未设置文件扩展名对应的有效编辑器，将打开"首选项"对话框，可在"文件类型/编辑器"选项卡中进行设置，如图3-43所示。

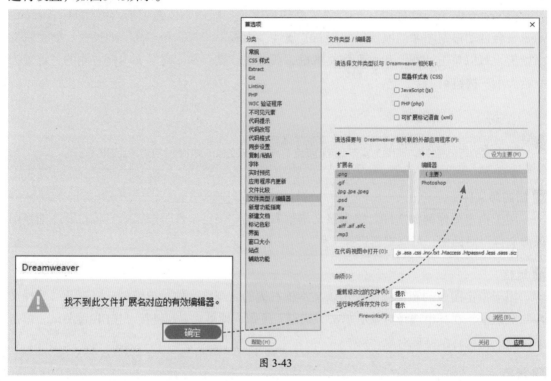

图 3-43

用户也可以选择图像后执行"编辑"|"图像"|"编辑器"|"浏览"命令，打开"选择外部编辑器"对话框，选择合适的外部编辑器编辑选中的图像，然后保存图像即可在Dreamweaver软件中更新图像。

操作提示

用户也可以直接在"代码"视图中修改代码，调整图像属性。使用<img>标签可以在网页中插入图像，其相关属性如下。

- **src**：用于指定图像源文件所在的路径。
- **alt**：用于规定图像的替代文字。
- **width**：用于设置图像的宽度。
- **height**：用于设置图像的高度。

- **border：** 用于设置图像的边框。
- **vspace：** 用于规定垂直间距。
- **hspace：** 用于规定水平间距。
- **align：** 用于规定对齐方式。
- **lowsrc：** 用于设定低分辨率图片。
- **usemap：** 映像地图。

3.3　其他多媒体元素

视频、音频等元素可以增加网页的趣味，使网页更具观赏性。本小节将对多媒体元素的应用进行说明。

3.3.1　视频元素——插入视频

视频元素是网页中常用的元素之一，Dreamweaver软件支持插入HTML5视频和Flash视频，下面将对此进行介绍。

1. 插入 HTML5 视频

移动鼠标指针至要插入视频的位置并单击，执行"插入"| HTML | HTML5 Video命令，或按Ctrl+Alt+Shift+V组合键，即可插入一个HTML5视频元素。选择该元素，在"属性"面板中设置参数即可插入视频。如图3-44所示为选择HTML5视频元素时的"属性"面板。

图 3-44

该面板中部分选项的作用如下。

- **源/Alt源1/Alt源2：** 在"源"文本框中输入视频文件的位置，或单击"源"文本框右侧的"浏览"按钮，打开"选择视频"对话框，选择视频文件，单击"确定"按钮即可添加视频。若源中的视频格式不被浏览器支持，则会使用"Alt 源 1"或"Alt 源 2"文本框中指定的视频格式。浏览器将选择第一个可识别格式来显示视频。
- **W（宽度）和H（高度）：** 用于设置输入视频的宽度和高度。
- **Poster（海报）：** 用于设置在视频完成下载后或用户单击"播放"按钮后显示的图像。
- **Controls（控件）：** 用于选择是否要在 HTML 页面中显示视频控件，如播放、暂停和静音。
- **AutoPlay（自动播放）：** 用于设置视频是否在网页上加载后便开始播放。
- **Preload（预加载）：** 用于指定页面加载视频的方式。选择"自动"选项，会在页面下载时加载整个视频；选择"元数据"选项，会在页面下载完成之后仅加载元数据。

- **Loop（循环）：** 选中该复选框后，将连续播放视频，直到用户停止播放影片。
- **Muted（静音）：** 选中该复选框后，将使视频的音频部分静音。

2 插入 Flash 视频

插入Flash视频类型分为累进式下载视频和流视频两种。其中累进式下载视频是将FLV文件下载到站点访问者的硬盘上再进行播放，该类型视频支持在下载完成前就开始播放；流视频是对视频内容进行流式处理，并在一段可确保流畅播放的很短的缓冲时间后在网页上播放该内容。

1）累进式下载视频

执行"插入"| HTML | Flash Video命令，打开"插入FLV"对话框，设置"视频类型"为"累进式下载视频"，如图3-45所示。

图 3-45

"插入FLV"对话框中部分选项的作用如下。

- **URL：** 用于指定FLV文件的相对路径或绝对路径。若要指定相对路径（如video/mymtv.flv），可单击"浏览"按钮，导航到FLV文件并将其选定。若要指定绝对路径，则输入FLV文件的URL（如http://www.tv888.com/mymtv.flv）。
- **外观：** 用于指定视频组件的外观。
- **宽度：** 以像素为单位指定FLV文件的宽度。
- **高度：** 以像素为单位指定FLV文件的高度。
- **限制高宽比：** 用于保持视频组件的宽度和高度之间的比例不变。默认情况下会选中此复选框。
- **包括外观：** FLV文件的宽度和高度与所选外观的宽度和高度相加得出的和。
- **自动播放：** 用于指定在页面打开时是否播放视频。
- **自动重新播放：** 用于指定播放控件在视频播放完之后是否返回到起始位置。

2）流视频

若设置"视频类型"为"流视频","插入FLV"对话框中的选项也会有所变化，如图3-46所示。

图 3-46

"插入FLV"对话框中部分选项的作用如下。

- **服务器URI：**用于指定服务器名称、应用程序名称和实例名称。
- **流名称：**用于指定想要播放的FLV文件的名称。
- **实时视频输入：**用于指定视频内容是不是实时的。
- **自动播放：**用于指定在页面打开时是否播放视频。
- **自动重新播放：**用于指定播放控件在视频播放完之后是否返回起始位置。
- **缓冲时间：**用于指定在视频开始播放前，进行缓冲处理所需的时间（以秒为单位）。默认的缓冲时间为0，单击"播放"按钮后视频会立即开始播放。

3.3.2 音频元素——插入音频

声音可以增加用户的体验感，使网页更加生动。用户可以通过插入HTML5音频或插入插件的方式插入音频。

1. 插入 HTML5 音频

移动鼠标指针至要插入音频的位置，执行"插入"| HTML | HTML5 Audio命令，即可插入一个HTML5音频元素。选择该元素，在"属性"面板中设置参数，即可插入音频。

2. 插入插件

移动鼠标指针至要插入音频的位置，执行"插入"| HTML |"插件"命令，打开"选择文件"对话框，选择要插入的音频后单击"确定"按钮，即可插入一个插件元素。选择该元素，在"属性"面板中设置参数，即可添加音频。

通过该方式插入的音频，只有访问站点的访问者具有所选声音文件的适当插件，声音才可以播放。用户也可以使用HTML标签<bgsound></bgsound>插入背景音频。

课堂实战 制作古文网页

本章课堂实战练习制作古文网页，以综合练习本章的知识点，并熟练掌握和巩固素材的操作。下面将介绍具体的操作步骤。

步骤 01 执行"站点"|"新建站点"命令新建站点，如图3-47所示。

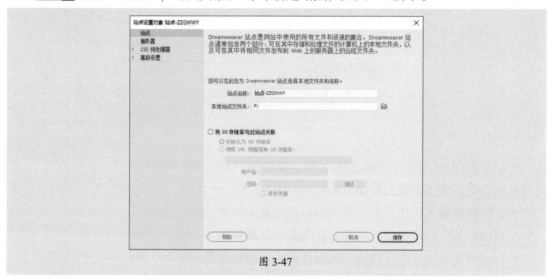

图 3-47

步骤 02 在"文件"面板中新建"制作古文网页"文件，如图3-48所示。

步骤 03 双击"文件"面板中的"制作古文网页"文件将其打开。执行"插入"| Image 命令，打开"选择图像源文件"对话框，选择图像，如图3-49所示。

图 3-48

图 3-49

步骤 04 单击"确定"按钮导入图像，如图3-50所示。

图 3-50

步骤 05 按Enter键换行，并输入文字，如图3-51所示。

图 3-51

步骤 06 继续输入文字，如图3-52所示。

图 3-52

步骤 07 选中标题，在"属性"面板的HTML属性检查器中设置"格式"为"标题1"；在CSS属性检查器中单击"居中对齐"按钮 ，设置其居中对齐，效果如图3-53所示。

图 3-53

步骤 08 选中作者，在HTML属性检查器中单击"斜体"按钮 *I*，将其设置为斜体；在CSS属性检查器中单击"居中对齐"按钮 ，将其设置为居中对齐，效果如图3-54所示。

图 3-54

步骤 09 移动鼠标指针至正文第一段开头，执行"插入"│HTML│"水平线"命令插入水平线，如图3-55所示。

图 3-55

步骤 10 选中正文部分，执行"编辑"|"文本"|"缩进"命令，设置段落缩进，效果如图3-56所示。

图 3-56

步骤 11 切换至"代码"视图，修改代码内容，如图3-57所示。

```
1   <!doctype html>
2 ▼ <html>
3 ▼ <head>
4   <meta charset="utf-8">
5   <title>无标题文档</title>
6   </head>
7
8 ▼ <body>
9   <p><img src="../../课堂实战/首页.png" width="1080" height="380" alt=""/>
10  </p>
11  <p>当前位置: 首页&gt;&gt;南北朝&gt;&gt;吴均</p>
12  <h1 style="text-align: center">与朱元思书</h1>
13  <p style="text-align: center"><em>吴均</em></p>
14  <hr>
15 ▼ <blockquote>
16      <p style="text-indent: 2em">风烟俱净，天山共色。从流飘荡，任意东西。自富阳至桐庐一百许里，奇山异水，天下独绝。</p>
17      <p style="text-indent: 2em">水皆缥碧，千丈见底。游鱼细石，直视无碍。急湍甚箭，猛浪若奔。</p>
18      <p style="text-indent: 2em">夹岸高山，皆生寒树，负势竞上，互相轩邈，争高直指，千百成峰。泉水激石，泠泠作响；好鸟相鸣，嘤嘤成韵。蝉则千转不穷，猿则
        百叫无绝。鸢飞戾天者，望峰息心；经纶世务者，窥谷忘反。横柯上蔽，在昼犹昏；疏条交映，有时见日。
19      </p>
20  </blockquote>
21  </body>
22  </html>
23
```

图 3-57

操作提示

此处代码如下：

风烟俱净，天山共色。从流飘荡，任意东西。自富阳至桐庐一百许里，奇山异水，天下独绝。

 水皆缥碧，千丈见底。游鱼细石，直视无碍。急湍甚箭，猛浪若奔。

夹岸高山，皆生寒树，负势竞上，互相轩邈，争高直指，千百成峰。泉水激石，泠泠作响；好鸟相鸣，嘤嘤成韵。蝉则千转不穷，猿则百叫无绝。鸢飞戾天者，望峰息心；经纶世务者，窥谷忘反。横柯上蔽，在昼犹昏；疏条交映，有时见日。

步骤 12 移动鼠标指针至</body>标签前，输入如下代码添加图像。

<img src="../../课堂实战/底.png">

切换至"设计"视图,效果如图3-58所示。

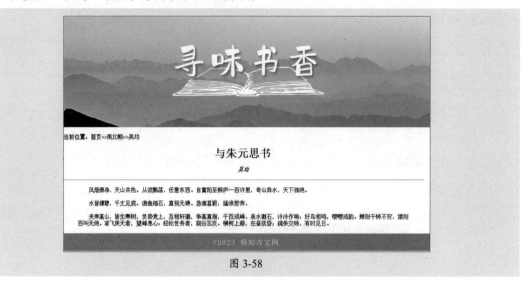

图 3-58

步骤 13 至此完成古文网页的制作。按Ctrl+S组合键保存文件。按F12键在浏览器中预览效果,如图3-59所示。

图 3-59

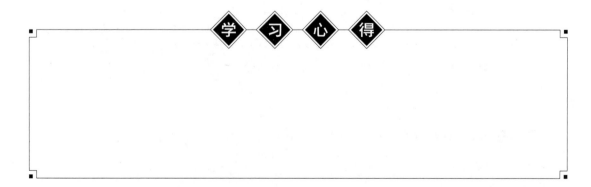

课后练习 制作鼠标经过图像效果

下面将综合本章学习的知识制作鼠标经过图像效果，如图3-60、图3-61所示。

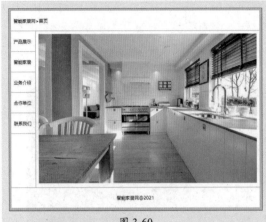

图 3-60

图 3-61

1. 技术要点

①打开本章素材文件，执行"鼠标经过图像"命令添加原始图像和鼠标经过图像。

②输入替换文本。

③保存文件，按F12键测试预览。

2. 分步演示

如图3-62所示。

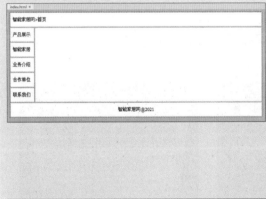

图 3-62

陕西历史博物馆

陕西历史博物馆位于十三朝古都——陕西省西安市，是中国第一座大型、现代化的国家级博物馆，具有"古都明珠，华夏宝库"的美誉。馆内藏品170余万件（组），数量多、种类全、品味高、价值广，其中国宝级文物18件（组），一级文物762件（组）。博物馆首页如图3-63所示。

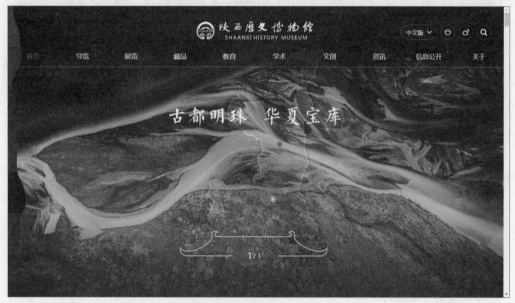

图 3-63

陕西历史博物馆常设展览《陕西古代文明》中，通过3000余件文物表现陕西历史底蕴，体现了陕西地区古代文明的发展。唐三彩骆驼载伎乐俑、鎏金银竹节铜熏炉等均值得一看，如图3-64所示。

图 3-64

第**4**章

网页超链接的应用

内容导读

　　超链接是网页中不可缺少的元素。本章将对网页超链接的创建及管理进行介绍，包括认识超链接的绝对路径和相对路径；创建文本链接、图像链接、电子邮件链接等的方式；更新链接及检查链接错误的方式等。

思维导图

文本链接——带链接的文本

空链接——无指向链接

锚点链接——同一页面链接

电子邮件链接——指向电子邮件的链接

脚本链接——通过链接触发脚本命令

图像链接——在图像上创建链接

图像热点链接——在图像部分区域创建热点链接

创建超链接

网页超链接的应用

认识超链接

绝对路径——包括服务器规范在内的完全路径

文档相对路径——本地链接

站点根目录相对路径——从站点的根文件夹到文档的路径

管理网页超链接

自动更新链接——自动更新改动的超链接

在站点范围内更改链接——手动更新链接

检查站点中的链接错误——检查站点链接

4.1　认识超链接

超链接实质上就是不同元素之间的连接，通过它可以在网页和网页之间、网页元素和网页之间创建关联，使其形成一个整体。本小节将对超链接的相关知识进行介绍。

4.1.1　绝对路径——包括服务器规范在内的完全路径

绝对路径是指包括服务器规范在内的完全路径，通常使用"http://"来表示。与相对路径相比，采用绝对路径的优点在于它同链接的源端点无关。只要网站的地址不变，无论文档在站点中如何移动，都可以正常实现跳转。但采用绝对路径的链接不利于测试。如果在站点中使用绝对地址，要想测试链接是否有效，必须在Internet服务器端对链接进行测试。

4.1.2　文档相对路径——本地链接

文档相对路径适用于有大多数站点的本地链接。在当前文档与所链接的文档或资源位于同一文件夹中，而且可能保持这种状态的情况下，相对路径特别有用。利用文件夹层次结构，可指定从当前文档到所链接文档的路径，还可链接到其他文件夹中的文档或资源。文档相对路径可以省略掉对于当前文档和所链接的文档或资源都相同的绝对路径部分，而只提供不同的路径部分。

4.1.3　站点根目录相对路径——从站点的根文件夹到文档的路径

站点根目录相对路径是指描述从站点的根文件夹到文档的路径，一般只在处理多个服务器的大型 Web 站点或在承载多个站点的服务器时使用这种路径。移动包含站点根目录相对链接的文档时，不需要更改这些链接，因为链接是相对于站点根目录的，而不是文档本身。但是，如果移动或重命名由站点根目录相对链接所指向的文档，则即使文档之间的相对路径没有改变，也必须更新这些链接。

4.2　创建超链接

网页中常见的超链接包括文本链接、图像链接、电子邮件链接等，本小节将对不同类型链接的创建进行讲解。

4.2.1　案例解析：创建电子邮件链接

在学习创建超链接之前，可以跟随以下步骤了解并熟悉如何使用图像热点和电子邮件链接创建电子邮件链接。

步骤 01 执行"站点"|"新建站点"命令新建站点，如图4-1所示。

步骤 02 在"文件"面板中新建"创建电子邮件链接"文件。双击文件将其打开，将"文件"面板中的"网页.jpg"素材拖曳至文档窗口中，如图4-2所示。

步骤 03 选中图像，在"属性"面板中单击"矩形热点工具"按钮 ▭，在主页中框选"联系我们"文字创建图像热点，如图4-3所示。

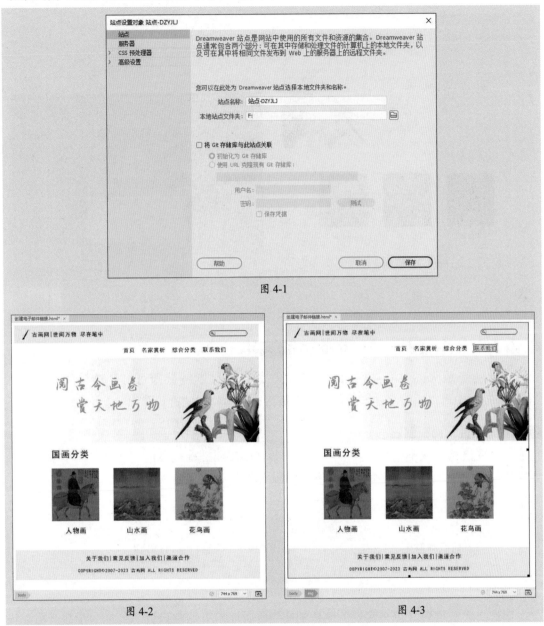

图 4-1

图 4-2

图 4-3

步骤 04 在"属性"面板的"链接"文本框中输入电子邮件链接，如图4-4所示。

图 4-4

步骤 05 至此完成电子邮件链接的创建。按Ctrl+S组合键保存文件。按F12键在浏览器中预览效果，如图4-5、图4-6所示。

图 4-5　　　　　　　　　　　　　　　　　　　图 4-6

4.2.2　文本链接——带链接的文本

文本链接是网页中最常见的超链接之一，单击文本链接即可打开链接的对象。在Dreamweaver中可以通过多种方式创建文本链接，下面将对此进行介绍。

1. 通过"属性"面板创建

选择要链接的文本内容，在"属性"面板HTML属性检查器的"链接"文本框中输入要链接的文件路径，如图4-7所示，即可创建文本链接。

图 4-7

创建文本链接后，在"属性"面板的HTML属性检查器中设置"目标"参数，可以设置网页链接的打开方式。该参数中各选项的作用如下。

- _blank：在新窗口中打开目标链接。
- new：在名为链接文件名称的窗口中打开目标链接。
- _parent：在上一级窗口中打开目标链接。
- _self：在同一个窗口中打开目标链接。
- _top：在浏览器整个窗口中打开目标链接。

用户也可以在选中文字后，单击"链接"文本框右侧的"浏览文件"按钮，打开"选择文件"对话框，选择要链接的文件，在"相对于"下拉列表框中选择"文档"选项，然后单击"确定"按钮，如图4-8所示。其中相对于"文档"表示使用文件相对路径创建链接，相对于"站点根目录"表示使用站点根目录相对路径创建链接。

图 4-8

2. 通过"创建链接"命令创建

选中要创建链接的文本后右击鼠标，在弹出的快捷菜单中执行"创建链接"命令，打开"选择文件"对话框，选择文件后单击"确定"按钮，即可创建文本与选中文件的链接。

3. 通过"指向文件"按钮创建

选中要链接的文本后，在"属性"面板的HTML属性检查器中选择"链接"文本框右侧的"指向文件"按钮，按住鼠标并将其拖曳至"文件"面板中要链接的文件上，释放鼠标即可创建链接。

4. 通过代码标签创建

使用<a>标签也可以很便捷地创建文本链接。<a>标签可定义锚（anchor）。另外，使用href属性可以创建指向另一个文档的链接，如<a href="链接地址">创建链接的文本</a>；使用name或id属性可以创建指向文档片段的链接，如<a name="值">创建链接的文本</a>或<a id="值">创建链接的文本</a>。

4.2.3　空链接——无指向链接

空链接是一种无指向的链接。在文档窗口中选中要创建空链接的文本、图像或对象，在"属性"面板的"链接"文本框中输入"#"或"javaScript：；"即可，如图4-9所示。

图 4-9

4.2.4　锚点链接——同一页面链接

锚点类似于网页中的书签，可以链接到同一页面中的不同位置，方便浏览者查看长页面。创建锚点链接分为两步：创建命名锚点和创建到该命名锚点的链接。

在文档窗口中，选中要作为锚点的项目，在"属性"面板中为其设置唯一的ID。在"设计"视图中，选中要为其创建链接的文本或图像，在"属性"面板的"链接"文本框中输入数字符号(#)和锚点ID即可。用户也可以选择要为其创建链接的文本或图像，按住"属性"面板的"链接"文本框右侧的"指向文件"按钮，将其拖曳至要链接到的锚点上。

操作提示

若想链接至同一文件夹内其他文档中对应ID的锚点，可以在数字符号(#)和锚点ID之前添加filename.html。

4.2.5　电子邮件链接——指向电子邮件的链接

电子邮件是一种互联网通信方式，当用户单击指向电子邮件地址的超链接时，将打开系统默认的邮件管理器的新邮件窗口，且收件人自动显示为链接中指定的地址。下面将对创建电子邮件链接的方式进行介绍。

1. 通过"电子邮件链接"命令创建

移动鼠标指针至"设计"视图中要插入电子邮件链接的位置或选中要创建电子邮件链接的项目，执行"插入"|HTML|"电子邮件链接"命令，打开"电子邮件链接"对话框，输入文本和电子邮件地址，如图4-10所示。完成后单击"确定"按钮，即可创建电子邮件链接。保存文件后按F12键测试，在浏览器中单击电子邮件链接，即可打开电子邮件界面，如图4-11所示。

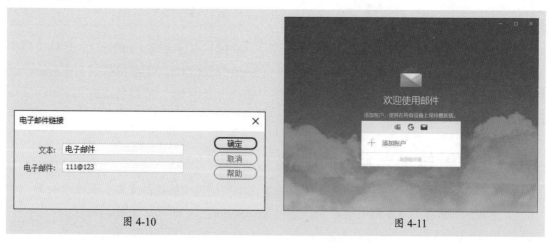

图 4-10　　　　　　　　　　　　　　　　　　　　　图 4-11

2. 通过"属性"面板创建

选中要创建电子邮件链接的对象，在HTML属性检查器的"链接"文本框中输入"mailto:电子邮件地址"，如图4-12所示，即可创建电子邮件链接。

图 4-12

4.2.6　脚本链接——通过链接触发脚本命令

脚本链接可以执行JavaScript代码或调用JavaScript函数，能够在不离开当前页面的情况下为访问者提供有关某项的附加信息。在文档窗口中选中要创建脚本链接的文本、图像或对象，在"属性"面板的"链接"文本框中输入"javascript:"，后跟一些JavaScript代码或一个函数调用即可。

4.2.7　图像链接——在图像上创建链接

图像链接的创建方法类似于文本链接的创建方法，选中要创建链接的图像，在"属性"面板中单击"链接"文本框右侧的"浏览文件"按钮，在弹出的"选择文件"对话框中选择文件即可。用户也可以直接在"链接"文本框中输入链接地址，创建图像链接。

4.2.8　图像热点链接——在图像部分区域创建热点链接

图像热点链接是一个非常实用的功能，它可以在一个图像上创建多个图像热点链接，当用户单击某个热点时，即可打开链接的文件。其原理就是利用HTML语言在图片上定义一定形状的区域，然后给这些区域加上链接，这些区域被称为热点。Dreamweaver中包括以下四种热点工具。

- **指针热点工具**：选中绘制的热点并对其进行调整。
- **矩形热点工具**：单击"属性"面板中的"矩形热点工具"按钮，在图像上按住鼠标左键拖动，即可绘制出矩形热区。
- **圆形热点工具**：单击"属性"面板中的"圆形热点工具"按钮，在图像上按住鼠标左键拖动，即可绘制出圆形热区。
- **多边形热点工具**：单击"属性"面板中的"多边形热点工具"按钮，在图像上多边形的每个端点位置上单击鼠标左键，即可绘制出多边形热区。

在文档窗口中选择图像，在"属性"面板的"地图"文本框中为该图像设置唯一的名称。使用热点工具定义热点，然后默认选中热点，在"链接"文本框中输入路径或单击"链接"文本框右侧的"浏览文件"按钮，在打开的"查找文件"对话框中选择要链接的对象即可。

4.3　管理网页超链接

创建网页超链接后，可以根据设计需要更新或检查超链接，以保证网页的正确性。本小节将对超链接的更新及检查进行介绍。

4.3.1 案例解析：设置链接自动更新

在学习管理网页超链接之前，可以跟随以下步骤了解并熟悉如何通过"首选项"面板设置链接自动更新。

步骤01 打开Dreamweaver软件，执行"编辑"|"首选项"命令，打开"首选项"对话框，选择"常规"选项卡，如图4-13所示。

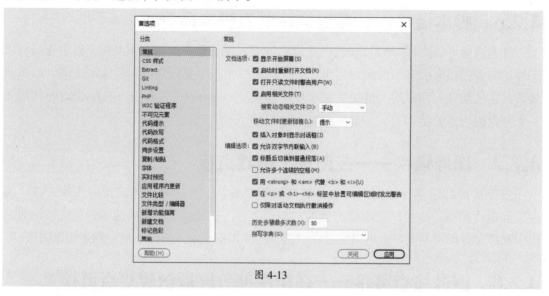

图 4-13

步骤02 在该选项卡中单击"移动文件时更新链接"下拉列表框，选择"总是"选项，如图4-14所示。单击"应用"按钮应用设置。

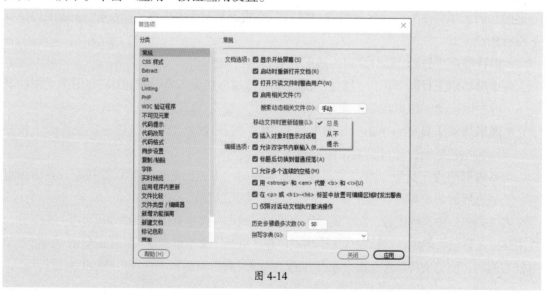

图 4-14

至此完成链接自动更新的设置。

4.3.2 自动更新链接——自动更新改动的超链接

移动或重命名本地站点中的文档后，Dreamweaver可更新来自和指向该文档的链接。该功能适用于将整个站点（或其中完全独立的一个部分）存储在本地磁盘上的情况。用户也可以通过将本地文件放在远程服务器上或将其存回远程服务器的方式更改远程文件夹中的文件。

为了加快更新过程，Dreamweaver会创建一个缓存文件来存储本地文件夹中所有有关链接的信息。在添加、更改或删除指向本地站点的文件链接时，该缓存文件以不可见的方式进行更新。

执行"编辑"|"首选项"命令或按Ctrl+U组合键，打开"首选项"对话框。选择"常规"选项卡，在"文档选项"选项组下，选择"移动文件时更新链接"下拉列表框中的"总是"或"提示"选项即可，如图4-15所示。单击"应用"按钮，即可启用自动连接更新。

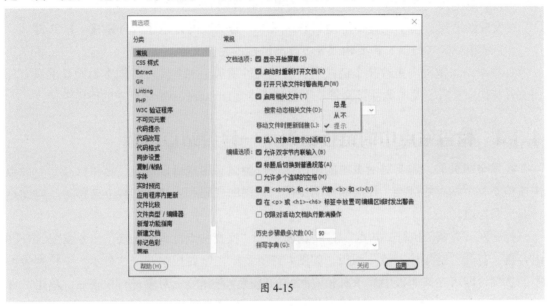

图 4-15

"移动文件时更新链接"下拉列表框中三个选项的作用如下。

- **总是**：选择该选项，当移动或重命名选定的文档时，Dreamweaver将自动更新起自和指向该文档的所有链接。
- **从不**：选择该选项，在移动或重命名选定的文档时，Dreamweaver不自动更新起自和指向该文档的所有连接。
- **提示**：选择该选项，在移动文档时，Dreamweaver将显示一个对话框提示是否进行更新，在该对话框中列出了此更改影响到的所有文件。单击"更新"按钮，将更新这些文件中的链接。

4.3.3　在站点范围内更改链接——手动更新链接

通过"改变站点范围的链接"命令可以手动更新链接，使其指向需要的地址。该命令适用于删除其他文件所链接到的某个文件时。

选中"文件"面板中的文件，执行"站点"|"站点选项"|"改变站点范围的链接"命令，打开"更改整个站点链接"对话框，如图4-16所示。在该对话框中设置参数后，单击"确定"按钮即可。

图 4-16

该对话框中两个选项的作用如下。

- **更改所有的链接：** 用于设置要取消链接的对象。若更改的是电子邮件链接、FTP 链接、空链接或脚本链接，需要输入要更改的链接的完整文本。
- **变成新链接：** 用于设置要链接到的新对象。若更改的是电子邮件链接、FTP 链接、空链接或脚本链接，需要输入要更改的链接的完整文本。

在整个站点范围内更改某个链接后，所选文件就成为独立文件，即本地硬盘上没有任何文件指向该文件，此时删除该文件就不会破坏本地Dreamweaver站点中的任何链接。

4.3.4　检查站点中的链接错误——检查站点链接

在发布网页前，需要对网页中的超链接进行测试。用户可以通过"链接检查器"面板快速检查整个站点的链接，找出断掉的链接、错误的代码和未使用的孤立文件等，以便进行纠正和处理。

打开网页文档，执行"站点"|"站点选项"|"检查站点范围的链接"命令或按Ctrl+F8组合键，打开"链接检查器"面板，如图4-17所示。在该面板中选择"显示"下拉列表框中的选项，即可在该面板中显示有相应问题的链接。选择显示对象进行检查后，单击"保存报告"按钮 即可打开"另存为"对话框，保存报告结果。

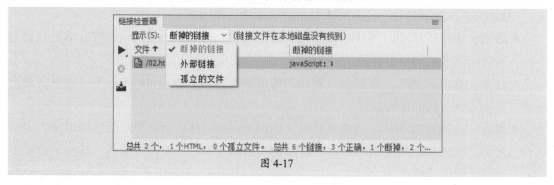

图 4-17

课堂实战 制作书店网页

本章课堂实战练习制作书店网页，以综合练习本章的知识点，并熟练掌握和巩固素材的操作。下面将介绍具体的操作步骤。

步骤 01 执行"站点"|"新建站点"命令新建站点，如图4-18所示。

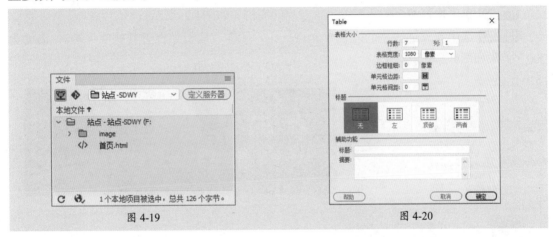

图 4-18

步骤 02 在"文件"面板中新建"首页"文件，如图4-19所示。

步骤 03 双击"首页"文件将其打开。执行"插入" | Table命令，打开Table对话框，设置参数，如图4-20所示。

图 4-19

图 4-20

步骤 04 单击"确定"按钮新建表格。从"文件"面板中拖曳"01.jpg"素材至表格第一行中，拖曳"03.jpg"素材至表格第二行中，拖曳"04.jpg"素材至最后一行中，效果如图4-21所示。

图 4-21

步骤 **05** 选中表格的第三至第六行，在"属性"面板中设置单元格"水平"为"居中对齐"；选中第三行和第五行，设置高度为60。在表格第三行和第五行中输入文字，在"属性"面板中设置其格式为"标题2"，效果如图4-22所示。

图 4-22

步骤 **06** 在表格第四行中插入一个1行2列的表格，如图4-23所示。

步骤 **07** 选中新添加表格的左侧单元格，在"属性"面板中设置其宽度为300，高度为200，效果如图4-24所示。

图 4-23   图 4-24

步骤 **08** 在左侧单元格中插入"05.jpg"素材，在右侧单元格中输入文字并设置文字参数，效果如图4-25所示。

步骤 **09** 在主表格第六行中插入一个1行3列、宽度为800像素、单元格间距为10的表格，如图4-26所示。

步骤 **10** 在新插入的表格单元格中依次添加素材图像"06.jpg""07.jpg"和"08.jpg"，效果如图4-27所示。

图 4-25

图 4-26

图 4-27

步骤 11 在"文件"面板中新建"新书推荐"文件，双击将其打开，并插入一个3行1列、宽度为1080的表格，在表格第一行和第三行中分别插入"02.jpg"和"04.jpg"素材，如图4-28所示。

图 4-28

步骤 12 选中第二行表格，在"属性"面板中设置单元格水平为"居中对齐"。在第二行表格中插入一个4行2列、宽度为800、单元格间距为5的表格。选中左侧单元格，在"属性"面板中设置宽度为200，效果如图4-29所示。

图 4-29

步骤 13 依次在左侧单元格中插入图像素材并调整大小，效果如图4-30所示。

图 4-30

步骤 14 在右侧单元格中输入文字并设置参数，效果如图4-31所示。

步骤 15 选中主表格第三行中的文字，在"属性"面板中设置其ID为Text，如图4-32所示。

步骤 16 切换至"首页"文件，选中最上方图像，在"属性"面板中单击"矩形热点工具"按钮□，在主页中框选文字"关于我们"创建图像热点，如图4-33所示。

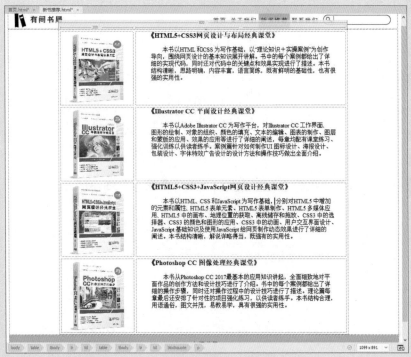

图 4-31

图 4-32

图 4-33

步骤17 在"属性"面板的"链接"文本框中输入设置的ID，创建锚点链接，如图4-34所示。

图 4-34

步骤18 继续使用矩形热点工具框选文字"联系我们"创建图像热点，在"属性"面板的"链接"文本框中输入电子邮件链接，如图4-35所示。

图 4-35

步骤19 使用矩形热点工具框选文字"新书推荐"创建图像热点，在"属性"面板中单击"链接"文本框右侧的"指向文件"按钮，按住鼠标左键并拖曳至"文件"面板的"新书推荐"文件上，释放鼠标创建链接，如图4-36所示。

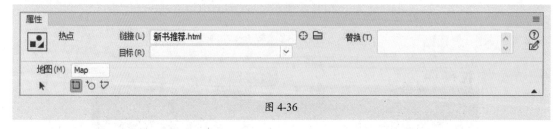

图 4-36

步骤20 切换至"新书推荐"文件，使用矩形热点工具框选文字"首页"创建图像热点，在"属性"面板中单击"链接"文本框右侧的"指向文件"按钮，按住鼠标左键并拖曳至"文件"面板的"首页"文件上，释放鼠标创建链接，如图4-37所示。

图 4-37

步骤21 至此完成书店网页的制作。按Ctrl+S组合键保存两个文件。按F12键在浏览器中预览效果，如图4-38、图4-39所示。

关于我们

有间书局始建于1997年，占地面积约400㎡。本书局主要经营有：人文社科、儿童文学、工具书、文字作品等。本书局秉承以书为友、携手同游的理念，始终致力于为客户提供丰富的图书。在每位顾客的关心和帮助下，本书局将始终坚持理念，多元发展，为我市的文明建设作出贡献。

门店信息

图 4-38

有间书局　　　　　　　　　　首页 关于我们 新书推荐 联系我们

《HTML5+CSS3网页设计与布局经典课堂》

　　本书以HTML和CSS为写作基础，以"理论知识＋实操案例"为创作导向，围绕网页设计的基本知识展开讲解。书中的每个案例都给出了详细的实现代码，同时还对代码中的关键点和效果实现进行了描述。本书结构清晰，思路明确，内容丰富，语言简练，既有鲜明的基础性，也有很强的实用性。

《Illustrator CC 平面设计经典课堂》

　　本书以Adobe Illustrator CC 为写作平台，对Illustrator CC 工作界面、图形的绘制、对象的组织、颜色的填充、文本的编辑、图表的制作、图层和蒙版的应用、效果的应用等进行了详细的阐述，每章均配有课堂练习、强化训练以供读者练手，案例简针对如何制作UI 图标设计、海报设计、包装设计、字体特效广告设计的设计方法和操作技巧做出全面介绍。

《HTML5+CSS3+JavaScript网页设计经典课堂》

　　本书以HTML、CSS 和JavaScript 为写作基础，分别对HTML5 中增加的元素和属性、HTML5 表单元素、HTML5 表单制作、HTML5 多媒体应用、HTML5 中的画布、地理位置的获取、离线储存和拖放、CSS3 中的选择器、CSS3 的颜色和图形的应用、CSS3 中的动画、用户交互界面设计、JavaScript 基础知识及使用JavaScript 给网页制作动态效果进行了详细的阐述。本书结构清晰，解说详略得当，既强有的实用性。

《Photoshop CC 图像处理经典课堂》

　　本书从Photoshop CC 2017最基本的应用知识讲起，全面细致地对平面作品的创作方法和设计技巧进行了介绍。书中的每个案例都给出了详细的操作步骤，同时还对操作过程中的设计技巧进行了描述。理论篇每章最后还安排了针对性的项目强化练习，以供读者练手。本书结构合理，用语通俗，图文并茂，易教易学，具有很强的实用性。

图 4-39

课后练习 制作国粹特色网页

下面将综合本章学习知识，练习制作国粹特色网页如图4-40、图4-41所示。

图 4-40

图 4-41

1. 技术要点

①新建站点，导入素材，制作不同的网页。

②添加链接，创建网页之间的关联。

2. 分步演示

如图4-42所示。

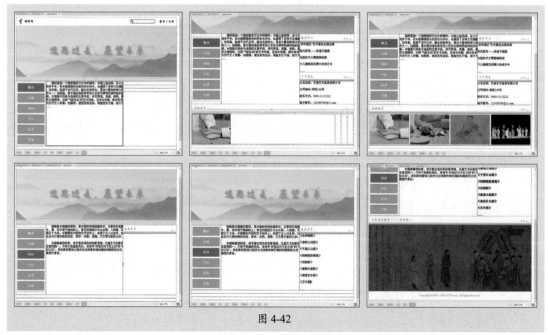

图 4-42

秦始皇帝陵博物院

秦始皇帝陵博物院位于陕西省西安市临潼区，是以秦始皇兵马俑博物馆为基础，依托秦始皇帝陵遗址公园建立的一座大型遗址博物院。秦始皇帝陵博物院由秦始皇帝陵遗址公园、秦始皇兵马俑博物馆、K0006陪葬坑陈列厅、K9901陪葬坑陈列厅四部分组成。博物院网页如图4-43所示。

图 4-43

秦始皇帝陵博物院在考古发掘、文物保护、科研学术、遗址保护等方面取得了优异的成绩，其组成部分中的秦兵马俑更是被称为"世界第八奇迹"。秦兵马俑（见图4-44）塑造了生动形象的人物形象，代表了臻于成熟的中国古代塑造艺术，是人类古代精神文明的瑰宝。

图 4-44

第5章

网页中表格的应用

内容导读

表格在网页设计中的应用非常广泛。本章将对表格的相关知识进行介绍，包括表格的创建，表格属性的设置，表格相关代码，选择表格、复制表格、添加行和列等表格的编辑操作，导入或导出表格式数据等。

思维导图

设置表格属性——调整表格效果

设置单元格属性——调整单元格

鼠标经过颜色——制作鼠标划过效果

表格的属性代码——表格属性设置代码

导入表格式数据——导入外部表格式数据

导出表格式数据——导出表格

设置表格属性

导入/导出表格式数据

网页中表格的应用

认识表格——表格相关术语

插入表格——创建表格

表格基本代码——表格相关代码

选择表格——选择表格不同部分

复制/粘贴表格——快速制作相同内容

添加行和列——添加表格行或列

删除行和列——删除表格行或列

合并和拆分单元格——丰富表格效果

创建表格

编辑表格

5.1 创建表格

表格是网页中的一种常见元素，它既可用于辅助布局，也可用于承载数据，使网页更加整齐美观。本小节将对表格的创建进行介绍。

5.1.1 案例解析：在网页中添加活动信息表

在学习创建表格之前，可以跟随以下步骤了解并熟悉如何通过Table命令插入表格并设置表格内容。

步骤 01 打开本章素材文件，如图5-1所示。按Ctrl+Shift+S组合键另存文件。

图 5-1

操作提示

打开素材文件前，可以先新建站点。

步骤 02 移动鼠标指针至空白单元格中，执行"插入"| Table命令打开Table对话框，设置参数，如图5-2所示。

步骤 03 单击"确定"按钮插入表格。选中标题文字，在"属性"面板的CSS属性检查器中设置字体大小，执行"编辑"|"文本"|"粗体"命令加粗文字，效果如图5-3所示。

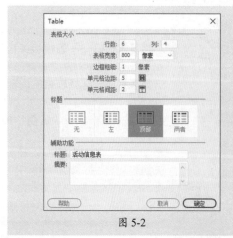

图 5-2

图 5-3

步骤 04 在表格单元格中输入文字，如图5-4所示。

图 5-4

步骤 05 选中除第一行以外的所有单元格，在"属性"面板中设置"水平"为"居中对齐"，效果如图5-5所示。

图 5-5

步骤 06 切换至"拆分"视图，在<table>标签中添加代码，设置背景颜色。<table>标签中的代码如下。

```
<table width="800" border="1" cellspacing="2" cellpadding="5" bgcolor="#F0F4FF">
```

效果如图5-6所示。

图 5-6

步骤 07 至此完成在网页中添加活动信息表的操作。按Ctrl+S组合键保存文件。按F12键在浏览器中预览效果，如图5-7所示。

图 5-7

5.1.2　认识表格——表格相关术语

　　单元格是表格最基础的元素，多个单元格构成表格的行与列，从而形成表格，如图5-8
所示为一个3行4列的表格。

图 5-8

　　表格各部分介绍如下。

- **行/列**：表格中的横向叫行，纵向叫列。
- **单元格**：行列交叉部分就叫做单元格。
- **边距**：单元格中的内容和边框之间的距离叫边距。
- **间距**：单元格和单元格之间的距离叫间距。
- **边框**：整张表格的边缘叫作边框。

5.1.3　插入表格——创建表格

　　移动鼠标指针至要插入表格的位置，执行"插入"|
Table命令或按Ctrl+Alt+T组合键，打开Table对话框，如
图5-9所示。在该对话框中设置表格的行数、列数、间距等
参数，然后单击"确定"按钮，即可根据设置创建表格。

　　Table对话框中部分参数的作用如下。

- **行数、列**：用于设置表格行数和列数。
- **表格宽度**：用于设置表格的宽度。在右侧的下拉列
  表框中可以设置单位为百分比或像素。
- **边框粗细**：用于设置表格边框的宽度。若设置为0，

图 5-9

则浏览时看不到表格的边框。

- **单元格边距：** 用于设置单元格内容和单元格边界之间的像素数。
- **单元格间距：** 用于设置单元格之间的像素数。
- **标题：** 用于定义表头样式。

操作提示

表格宽度的单位包括百分比和像素这两种。若使用百分比指定表格宽度，随着浏览器窗口宽度的变化，表格的宽度也会发生变化；若使用像素指定表格宽度，则表格宽度将显示为一定的宽度，与浏览器窗口的宽度无关，因此缩小窗口的宽度，有时会出现看不到完整表格的情况。

5.1.4　表格基本代码——表格相关代码

直接使用HTML标签编写代码同样可以制作表格，常用的表格标签包括以下五种。

- **\<table\>：** 用于定义一个表格。每一个表格只有一对标签\<table\>和\</table\>。一个网页中可以有多个表格。
- **\<tr\>：** 用于定义表格的行。一对标签\<tr\>和\</tr\>代表一行。一个表格中可以有多个行，所以\<tr\>和\</tr\>可以在\<table\>和\</table\>之间出现多次。
- **\<td\>：** 用于定义表格中的单元格。一对标签\<td\>和\</td\>代表一个单元格。每行中可以出现多个单元格，即\<tr\>和\</tr\>之间可以存在多个\<td\>和\</td\>。在\<td\>和\</td\>之间，将显示表格每一个单元格中的具体内容。
- **\<th\>：** 用于定义表格的表头。一对标签\<th\>和\</th\>代表一个表头。表头是一种特殊的单元格，在其中添加的文本，默认为居中并加粗（实际中并不常用）。
- **\<caption\>：** 用于定义表格的标题。

表格标签在使用时需要成对出现，既要有开始标签，也要有结束标签，才能得到正确的结果。基本的表格代码结构如下。

```
<table border="1">
  <tr>
<td>表格</td>
  </tr>
  <tr>
<td>标签</td>
</tr>
</table>
```

运行该代码的效果如图5-10所示。

图 5-10

5.2　设置表格属性

创建表格后，可以在"属性"面板中或通过代码设置表格的属性，使表格更加美观醒目。本小节将对此进行介绍。

5.2.1　案例解析：制作西餐厅网页

在学习设置表格属性之前，可以跟随以下步骤了解并熟悉如何通过插入表格、设置表格属性等操作制作西餐厅网页。

步骤 01 执行"站点"|"新建站点"命令，打开"站点设置对象"对话框，新建站点，如图5-11所示。

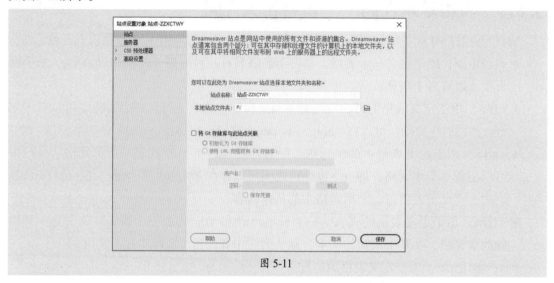

图 5-11

步骤 02 在"文件"面板中新建"西餐厅网页"文件，双击将其打开。执行"插入"|Table命令，打开Table对话框，在其中设置参数，如图5-12所示。单击"确定"按钮插入表格。

步骤 03 选中第一行单元格，再次执行"插入"|Table命令，打开Table对话框，在其中设置参数，如图5-13所示。单击"确定"按钮插入表格。

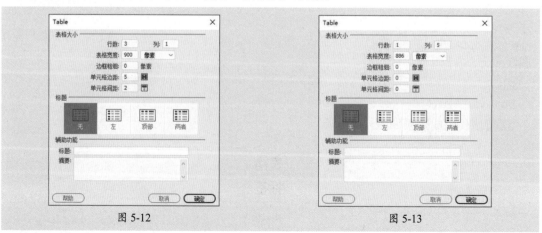

图 5-12　　　　　　　　　　　　图 5-13

步骤 04 选择新建的表格左起第一个单元格，执行"插入"| Image命令，打开"选择图像源文件"对话框，选择合适的素材，单击"确定"按钮插入图像，如图5-14所示。

图 5-14

步骤 05 调整新建表格第一行单元格的宽度。在第一行的其他单元格中输入文字，并在"属性"面板中设置单元格"水平"为"居中对齐"，"垂直"为"底部"，效果如图5-15所示。

图 5-15

步骤 06 选中主表格第二行单元格，在"属性"面板中设置单元格"水平"为"居中对齐"，高度为350像素。执行"插入"| Table命令，插入一个1行3列、宽度为848、单元格边距为5、单元格间距为2的表格，如图5-16所示。

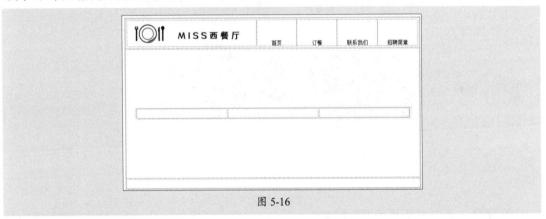

图 5-16

步骤 07 在新建的表格单元格中依次插入本章素材图像，完成后的效果如图5-17所示。

图 5-17

步骤 08 设置主表格第三行单元格"水平"为"居中对齐",输入文字,如图5-18所示。

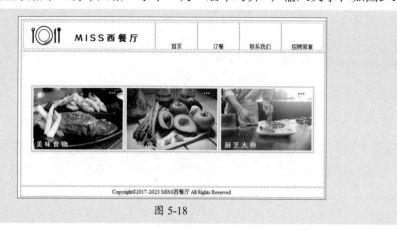

图 5-18

步骤 09 切换至"拆分"视图,在<table>标签中添加background属性,为表格添加背景。<table>标签中的代码如下:

```
<table width="900" border="0" cellspacing="2" cellpadding="5" background="背景.jpg">
```

效果如图5-19所示。

图 5-19

步骤 10 至此完成西餐厅网页的制作。按Ctrl+S组合键保存文件。按F12键在浏览器中预览效果,如图5-20所示。

图 5-20

5.2.2　设置表格属性——调整表格效果

选中表格，即可在"属性"面板中设置表格行列数量、对齐方式、边框宽度等属性，如图5-21所示。

图 5-21

该面板中各选项的作用如下。

- **表格名称**：用于设置表格的ID。
- **行/列**：用于设置表格中行和列的数量。
- **Align（排列）**：用于设置表格的对齐方式。包括"默认""左对齐""居中对齐"和"右对齐"四个选项。
- **CellPad（单元格边距）**：用于设置单元格内容和单元格边界之间的像素数。
- **CellSpace（单元格间距）**：用于设置单元格和单元格之间的像素数。
- **Border（边框）**：用于设置表格边框的宽度。
- **Class**：用于设置表格的CSS类。
- **清除列宽**：用于清除列宽。
- **将表格宽度转换成像素**：将表格宽度由百分比转为像素。
- **将表格宽度转换成百分比**：将表格宽度由像素转换为百分比。
- **清除行高**：用于清除行高。

操作提示

表格格式设置的优先顺序为单元格、行、表格，即单元格格式设置优先于行格式设置，行格式设置优先于表格格式设置。

5.2.3　设置单元格属性——调整单元格

选中单元格后，可以在"属性"面板中设置该单元格的属性，如图5-22所示。

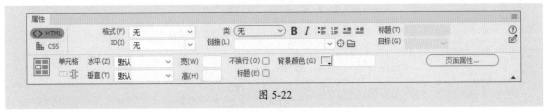

图 5-22

该面板中各选项的作用如下。

- **合并所选单元格，使用跨度**：选中两个及以上连续矩形单元格时，单击该按钮，将选中的单元格合并。

- **拆分单元格为行或列**⊞：选中某个单元格，单击该按钮，将打开"拆分单元格"对话框，在该对话框中设置参数后即可拆分单元格。
- **水平**：设置单元格中对象的水平对齐方式，包括"默认""左对齐""居中对齐"和"右对齐"四个选项。
- **垂直**：设置单元格中对象的垂直对齐方式，包括"默认""顶端""居中""底部"和"基线"五个选项。
- **宽、高**：用于设置单元格的宽与高。
- **不换行**：选中该复选框后，单元格的宽度将随文字长度的增加而加长。
- **标题**：选中该复选框后，可将当前单元格设置为标题行。
- **背景颜色**：用于设置单元格的背景颜色。

5.2.4 鼠标经过颜色——制作鼠标划过效果

通过onMouseOut、onMouseOver属性，可以实现鼠标经过某单元格或某行时单元格颜色发生变化效果，如图5-23、图5-24所示。

子鼠	丑牛	寅虎	卯兔
辰龙	巳蛇	午马	未羊
申猴	酉鸡	戌狗	亥猪

图 5-23

子鼠	丑牛	寅虎	卯兔
辰龙	巳蛇	午马	未羊
申猴	酉鸡	戌狗	亥猪

图 5-24

创建表格后，在"代码"视图的\<td>或\<tr>标签中添加onMouseOver="this.style.background='颜色'"和onMouseOut="this.style.background= """代码，即可实现鼠标经过某单元格或某行时颜色发生变化的效果，如图5-25所示。

```
<table width="800" border="1" cellspacing="0" cellpadding="10">
  <tbody>
  <tr>
    <td align="center" onMouseOver="this.style.background='#FF9E00'"
onMouseOut="this.style.background=''">子鼠</td>
    <td align="center" onMouseOver="this.style.background='#FF9E00'"
onMouseOut="this.style.background=''">丑牛</td>
    <td align="center" onMouseOver="this.style.background='#FF9E00'"
onMouseOut="this.style.background=''">寅虎</td>
    <td align="center" onMouseOver="this.style.background='#FF9E00'"
onMouseOut="this.style.background=''">卯兔</td>
  </tr>
  <tr>
    <td align="center" onMouseOver="this.style.background='#FF9E00'"
onMouseOut="this.style.background=''">辰龙</td>
    <td align="center" onMouseOver="this.style.background='#FF9E00'"
onMouseOut="this.style.background=''">巳蛇</td>
    <td align="center" onMouseOver="this.style.background='#FF9E00'"
onMouseOut="this.style.background=''">午马</td>
    <td align="center" onMouseOver="this.style.background='#FF9E00'"
onMouseOut="this.style.background=''">未羊</td>
  </tr>
  <tr>
    <td align="center" onMouseOver="this.style.background='#FF9E00'"
onMouseOut="this.style.background=''">申猴</td>
    <td align="center" onMouseOver="this.style.background='#FF9E00'"
onMouseOut="this.style.background=''">酉鸡</td>
    <td align="center" onMouseOver="this.style.background='#FF9E00'"
onMouseOut="this.style.background=''">戌狗</td>
    <td align="center" onMouseOver="this.style.background='#FF9E00'"
onMouseOut="this.style.background=''">亥猪</td>
  </tr>
  </tbody>
</table>
```

图 5-25

5.2.5 表格的属性代码——表格属性设置代码

Dreamweaver软件支持通过代码设置表格属性，常用的属性代码及用法如下。

1. width 属性

该属性用于指定表格或某一个表格单元格的宽度，单位可以是像素或百分比。

若需要将表格的宽度设为200像素，在该表格标签中加入宽度的属性和值即可，具体代码如下。

```
<table width="200" >
```

2. height 属性

该属性用于指定表格或某一个表格单元格的高度，单位可以是像素或百分比。

若需要将表格的高度设为300像素，在该表格标签中加入高度的属性和值即可，具体代码如下。

```
<table height="300" >
```

若需要将某个单元格的高度设为所在表格的20%，则在该单元格标签中加入高度的属性和值即可，具体代码如下。

```
<td height="20%">
```

3. border 属性

该属性用于设置表格的边框及边框的粗细。值为0时不显示边框；值为1或大于1时显示边框，值越大，边框越粗。

4. bordercolor 属性

该属性用于指定表格或某一个表格单元格边框的颜色，值为"#"号加上6位十六进制代码。

若需要将某个表格边框的颜色设为黑色，则具体代码如下。

```
<table bordercolor="#000000">
```

5. bordercolorlight 属性

该属性用于指定表格亮边边框的颜色。

若需要将某个表格亮边边框的颜色设为红色，则具体代码如下。

```
<table bordercolorlight="#FF0000">
```

6. bordercolordark 属性

该属性用于指定表格暗边边框的颜色。

若需要将某个表格暗边边框的颜色设为橙色，则具体代码如下。

```
<table bordercolordark="#FFBE00">
```

7. bgcolor 属性

该属性用于指定表格或某一个表格单元格的背景颜色。

若需要将某个单元格的背景颜色设为蓝色，则具体代码如下。

```
<td bgcolor="#0000FF">
```

8. background 属性

该属性用于指定表格或某一个表格单元格的背景图像。

若需要将images文件夹下名称为"02.jpg"的图像设为某个与images文件夹同级的网页中表格的背景图像，则具体代码如下。

```
<table background="images/02.jpg">
```

9. cellspacing 属性

该属性用于指定单元格间距，即单元格和单元格之间的距离。

若需要将某个表格的单元格间距设为20像素，则具体代码如下。

```
<table cellspacing="20">
```

10. cellpadding 属性

该属性用于指定单元格边距（或填充），即单元格边框和单元格中内容之间的距离。

若需要将某个表格的单元格边距设为8像素，则具体代码如下。

```
<table cellpadding="8">
```

11. align 属性

该属性用于指定表格或某一表格单元格中内容的水平对齐方式，属性值有left（左对齐）、center（居中对齐）和right（右对齐）三种。

若需要将某个单元格中的内容设定为"右对齐"，则具体代码如下。

```
<td align="right">
```

12. valign 属性

该属性用于指定单元格中内容的垂直对齐方式，属性值有top（顶端对齐）、middle（居中对齐）、bottom（底部对齐）和baseline（基线对齐）四种。

若需要将某个单元格中的内容设定为"顶端对齐"，则具体代码如下。

```
<td valign="top">
```

5.3　编辑表格

设置完表格后，可以对其进行编辑，包括选择表格、复制/粘贴表格、添加行或列、合并单元格等。本小节将对此进行讲解。

5.3.1　案例解析：制作花店网页

在学习编辑表格之前，可以跟随以下步骤了解并熟悉如何通过表格及合并单元格等制作花店网页。

步骤 01 执行"站点"|"新建站点"命令，打开"站点设置对象"对话框，新建站点，如图5-26所示。

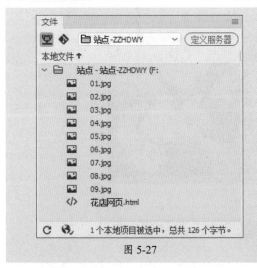

图 5-26

步骤 02 在"文件"面板中新建"花店网页"文件，如图5-27所示。

步骤 03 双击"花店网页"文件将其打开。执行"插入"| Table命令，打开Table对话框，设置参数，如图5-28所示。单击"确定"按钮，插入表格。

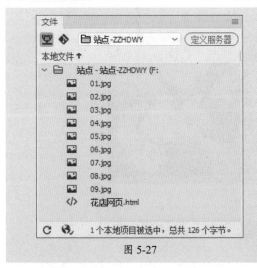

图 5-27

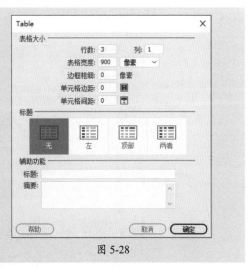

图 5-28

步骤 04 在表格第一行和第三行中插入图像素材，效果如图5-29所示。

图 5-29

步骤 05 在表格第二行中插入一个3行4列、宽度为900、单元格边距为5、单元格间距为2的表格，如图5-30所示。

图 5-30

步骤 06 选中新建表格第一行右侧三个单元格，执行"编辑"|"表格"|"合并单元格"命令，合并单元格。使用相同的方法，合并第一列下侧两个单元格，效果如图5-31所示。

图 5-31

步骤 07 在新建表格第一行的两个单元格中输入文字，并设置参数，效果如图5-32所示。

步骤 08 在新建表格其他单元格中添加图像素材，效果如图5-33所示。

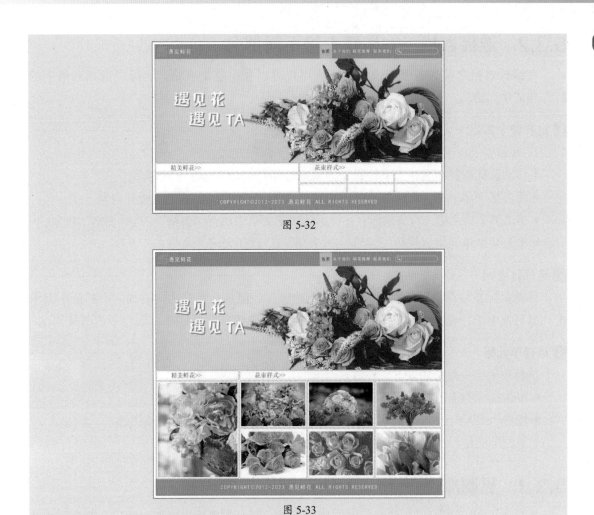

图 5-32

图 5-33

步骤 09 至此完成花店网页的制作。按Ctrl+S组合键保存文件。按F12键在浏览器中预览效果，如图5-34所示。

图 5-34

5.3.2　选择表格——选择表格不同部分

在编辑表格之前，需要先选中表格。用户可以选中整个表格，也可以选择表格中的行、列或单元格。

1. 选择整个表格

在Dreamweaver中选择整个表格一般采用以下四种方式。

- 移动鼠标指针至表格上下边缘处，待鼠标指针变为"⬚"形状时单击。
- 单击某个单元格，在标签选择器中选择\<table>\</table>标签之间所有内容。
- 单击某个单元格，右击鼠标，在弹出的快捷菜单中执行"表格"|"选择表格"命令。
- 单击某个单元格，执行"编辑"|"表格"|"选择表格"命令。

2. 选择行或列

移动鼠标指针指向行的左边缘或列的上边缘，当鼠标指针变为向右或向下的箭头时单击，即可选中单行或单列；按住Ctrl键再次单击，可选择多行或多列。

3. 选择单元格

选择单元格一般常用以下三种方式。

- 按住鼠标左键不放，从单元格的左上角拖至右下角。
- 按住Ctrl键单击单元格。也可以按住Ctrl键单击不同的单元格完成加选。
- 单击单元格，在标签选择器中选择\<td>标签。

5.3.3　复制/粘贴表格——快速制作相同内容

复制/粘贴单元格可以保留单元格的格式设置，同时节省表格制作的时间，提高制作效率。需要注意的是，粘贴多个单元格时，剪贴板的内容必须和表格的结构或表格中将粘贴这些内容的单元格兼容。

选中要复制的表格，如图5-35所示，执行"编辑"|"拷贝"命令或按Ctrl+C组合键，复制对象。移动鼠标指针至表格要粘贴的位置，执行"编辑"|"粘贴"命令或按Ctrl+V组合键粘贴，效果如图5-36所示。

图 5-35

图 5-36

操作提示

执行"编辑"|"剪切"命令或按Ctrl+X组合键可以剪切对象。在Dreamweaver中，不能复制或剪切非矩形单元格。

5.3.4 添加行和列——添加表格行或列

使用表格时，用户可以随时根据需要添加行或列。选中某一个单元格，执行"编辑"|"表格"|"插入行"命令或按Ctrl+M组合键，即可在选中单元格的上方插入1行表格，如图5-37所示；执行"编辑"|"表格"|"插入列"命令或按Ctrl+Shift+A组合键，即可在选中单元格的左侧插入1列表格，如图5-38所示。

图 5-37   图 5-38

执行"编辑"|"表格"|"插入行或列"命令，打开"插入行或列"对话框，如图5-39所示。在该对话框中进行设置后，单击"确定"按钮，即可按照设置的位置插入行或列，如图5-40所示。

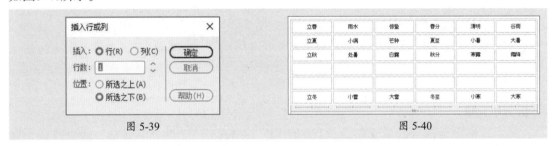

图 5-39   图 5-40

操作提示

选中单元格后右击鼠标，在弹出的快捷菜单中执行"表格"命令，在弹出的子菜单中执行命令即可插入行或列。

5.3.5 删除行和列——删除表格行或列

"删除行"命令和"删除列"命令可以删除表格中的行或列。选中要删除的行或列中的某个单元格，执行"编辑"|"表格"|"删除行"命令或按Ctrl+Shift+M组合键，即可删除该单元格所在的行，如图5-41所示；执行"编辑"|"表格"|"删除列"命令或按Ctrl+Shift+-组合键，即可删除该单元格所在的列，如图5-42所示。

图 5-41   图 5-42

5.3.6　合并和拆分单元格——丰富表格效果

合并和拆分单元格可以丰富表格效果，增加网页的欣赏性。本小节将对单元格的合并和拆分操作进行讲解。

1. 合并单元格

选中表格中连续的单元格，执行"编辑"|"表格"|"合并单元格"命令或单击"属性"面板中的"合并所选单元格，使用跨度"按钮 ⊡，即可合并单元格。合并的单元格将应用所选的第一个单元格的属性，所有单元格的内容将被放置在最终的合并单元格中。如图5-43、图5-44所示为合并单元格前后的效果。

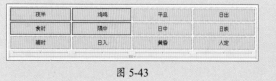

图 5-43　　　　　　　　　　　　　　　　　图 5-44

2. 拆分单元格

选中表格中要拆分的单元格，执行"编辑"|"表格"|"拆分单元格"命令或在"属性"面板中单击"拆分单元格为行或列"按钮 ⅱ，打开"拆分单元格"对话框，如图5-45所示。在该对话框中设置参数后，单击"确定"按钮即可拆分单元格，如图5-46所示。

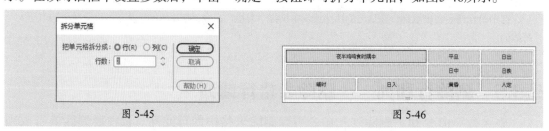

图 5-45　　　　　　　　　　　　　　　　　图 5-46

5.4　导入/导出表格式数据

Dreamweaver支持导入其他应用程序用分隔文本的格式保存的表格式数据，也支持导出自身创建的表格数据，下面将对此进行介绍。

5.4.1　导入表格式数据——导入外部表格式数据

执行"文件"|"导入"|"表格式数据"命令，打开的"导入表格式数据"对话框，如图5-47所示，设置参数后单击"确定"按钮即可。

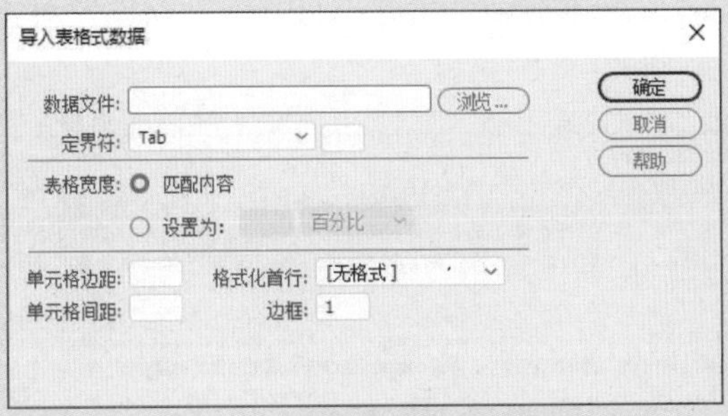

图 5-47

该对话框中部分选项的作用如下。

- **数据文件：**用于选择要导入的文件。单击文本框右侧的"浏览"按钮，打开"打开"对话框选择文件即可。
- **定界符：**用于设置要导入的文件中所使用的分隔符，要求与保存的数据文件一致。
- **表格宽度：**用于设置表格宽度。选择"匹配内容"单选按钮，将根据表格内容设置表格宽度；选择"设置为"单选按钮，将以百分比或像素为单位指定表格宽度。
- **格式化首行：**用于确定应用于表格首行的格式设置，包括"无格式""粗体""斜体"和"加粗斜体"四个选项。

5.4.2 导出表格式数据——导出表格

选中要导出的表格，执行"文件"|"导出"|"表格"命令，打开"导出表格"对话框，如图5-48所示。在该对话框中设置参数后，单击"导出"按钮，打开"表格导出为"对话框，设置合适的存储位置及存储名称即可。

图 5-48

"导出表格"对话框中的"定界符"选项用于指定导出的文件中隔开各项的分隔符，包括Tab、空白键、逗点、分号和引号五个选项；"换行符"选项用于指定在哪种操作系统中打开导出的文件，包括Windows、Mac和UNIX三个选项。

课堂实战 制作影院排片信息网页

本章课堂实战练习制作影院排片信息网页以综合练习本章的知识点，并熟练掌握和巩固素材的操作。下面将介绍具体的操作步骤。

步骤 01 执行"站点"|"新建站点"命令,打开"站点设置对象"对话框,新建站点,如图5-49所示。

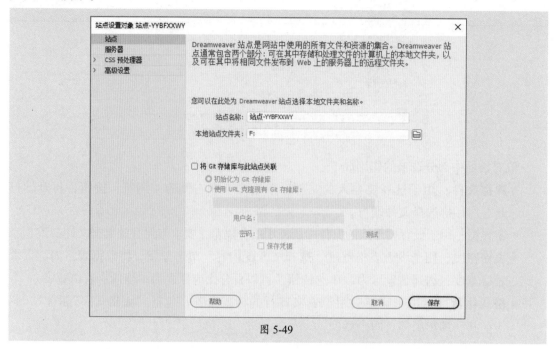

图 5-49

步骤 02 在"文件"面板中新建"影院排片信息网页"文件,如图5-50所示。

步骤 03 双击"影院排片信息网页"文件将其打开。执行"插入"|Table命令,打开Table对话框,在其中设置参数,如图5-51所示。单击"确定"按钮,插入表格。

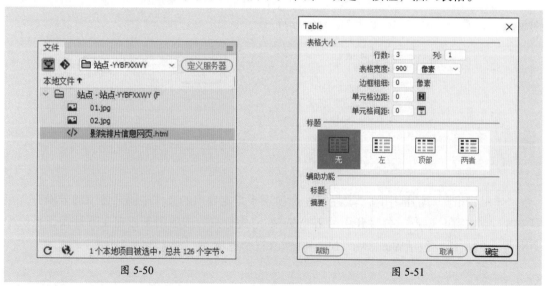

图 5-50   图 5-51

步骤 04 在表格第一行和第三行中插入图像素材,效果如图5-52所示。

步骤 05 选中表格第二行单元格,在"属性"面板中设置单元格"水平"为"居中对齐"。执行"插入"|Table命令,在表格第二行中插入一个8行3列、宽度为800、单元格边距为5的表格,如图5-53所示。

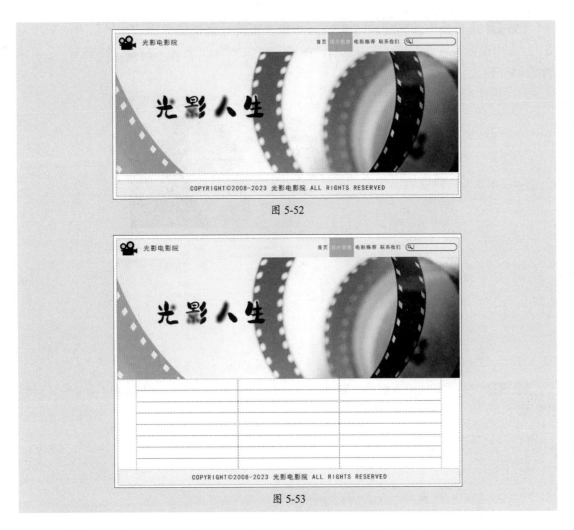

图 5-52

图 5-53

步骤 06 选中新建表格的第一行，执行"编辑"|"表格"|"合并单元格"命令合并单元格，并在该单元格中输入文字与水平线，设置参数的效果如图5-54所示。

图 5-54

步骤07 在表格单元格中输入文字，并在"属性"面板中设置"水平"为"居中对齐"。选中表格第二行中的文字，执行"编辑"|"文本"|"粗体"命令，加粗文字，效果如图5-55所示。

图 5-55

步骤08 切换至"代码"视图，在\<tr>标签中添加onMouseOut、onMouseOver属性，具体代码如下。

```
<table width="800" border="0" cellspacing="0" cellpadding="5">
  <tbody>
    <tr>
      <td colspan="3" align="center"><h2>排片信息
      </h2>            <hr></td>
    </tr>
    <tr onMouseOver="this.style.background='#C6B69C'"
onMouseOut="this.style.background=''">
      <td align="center"><strong>电影名称</strong></td>
      <td align="center"><strong>时间</strong></td>
      <td align="center"><strong>影厅</strong></td>
    </tr>
    <tr onMouseOver="this.style.background='#C6B69C'"
onMouseOut="this.style.background=''">
      <td align="center">一路畅行</td>
      <td align="center">5月23日19:00-21:10</td>
      <td align="center">1号厅</td>
    </tr>
    <tr onMouseOver="this.style.background='#C6B69C'"
onMouseOut="this.style.background=''">
      <td align="center">微雨时节</td>
      <td align="center">5月23日18:50-20:30</td>
```

```
        <td align="center">3号厅</td>
    </tr>
    <tr onMouseOver="this.style.background='#C6B69C'"
onMouseOut="this.style.background=''">
        <td align="center">山河阙</td>
        <td align="center">5月23日17:00-20:20</td>
        <td align="center">6号厅</td>
    </tr>
    <tr onMouseOver="this.style.background='#C6B69C'"
onMouseOut="this.style.background=''">
        <td align="center">流浪</td>
        <td align="center">5月23日19:40-21:50</td>
        <td align="center">3D巨幕厅</td>
    </tr>
    <tr onMouseOver="this.style.background='#C6B69C'"
onMouseOut="this.style.background=''">
        <td align="center">第九空间</td>
        <td align="center">5月23日17:30-20:20</td>
        <td align="center">2号厅</td>
    </tr>
    <tr onMouseOver="this.style.background='#C6B69C'"
onMouseOut="this.style.background=''">
        <td align="center">星游</td>
        <td align="center">5月23日19:00-21:00</td>
        <td align="center">5号厅</td>
    </tr>
    </tbody>
</table>
```

步骤 09 至此完成影院排片信息网页的制作。按Ctrl+S组合键保存文件。按F12键在浏览器中预览效果，如图5-56、图5-57所示。

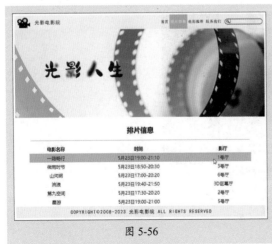

图 5-56

图 5-57

课后练习 制作产品展示网页

下面将综合本章学习知识，练习制作产品展示网页如图5-58所示。

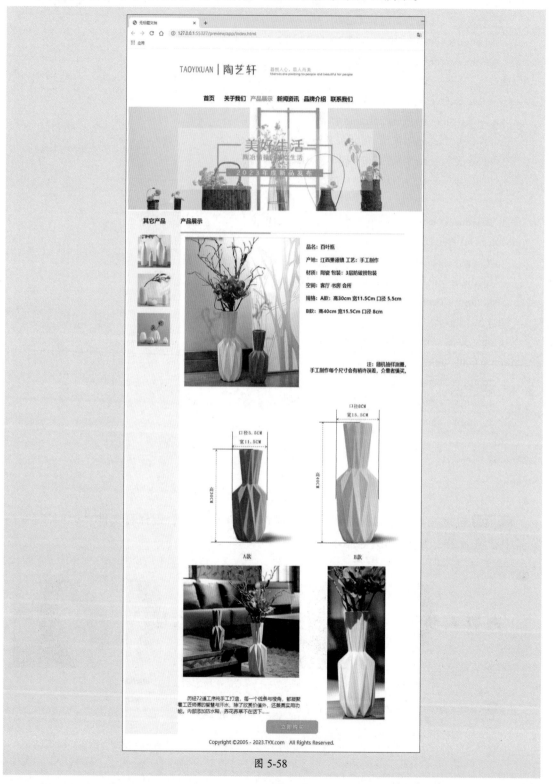

图 5-58

1. 技术要点

①新建站点，插入表格并填充图像素材。

②嵌套表格，并进行设置。

③继续添加图像及文字内容，设置表格参数。

2. 分步演示

如图5-59所示。

图 5-59

苏州博物馆

苏州博物馆位于江苏省苏州市，成立于1969年，是一个收藏、展示、研究苏州文化历史的地方性综合性博物馆，馆内包括吴地遗珍、吴塔国宝、吴中风雅和吴门书画四个基本陈列。博物馆首页如图5-60所示。

图 5-60

苏州博物馆于2006年正式对外开放，其极具苏州建筑特色，建筑与周围环境协调统一，为中国园林建筑的发展提供了方向。

苏州博物馆馆藏文物多为考古出土文物、明清书画和工艺品，如五代秘色瓷莲花碗、真珠舍利宝幢等，如图5-61所示。

图 5-61

第**6**章

Div+CSS布局技术

内容导读

　　Div+CSS网页布局是目前较为主流的一种布局方式。本章将对Div和CSS的相关知识进行讲解，包括CSS样式表基础知识、"CSS设计器"面板、创建CSS样式表；CSS样式的定义；Div的概述、Div的创建、盒子模型的介绍等。

思维导图

类型——设置CSS规则定义类型参数

背景——设置CSS规则定义背景参数

区块——设置CSS规则定义区块参数

方框——设置CSS规则定义方框参数

边框——设置CSS规则定义边框参数

列表——设置CSS规则定义列表参数

定位——设置CSS规则定义定位参数

扩展——设置CSS规则定义扩展参数

过渡——设置CSS规则定义过渡参数

定义CSS样式

创建CSS样式

Div+CSS布局技术

Div+CSS布局基础

认识CSS样式表——了解CSS

CSS设计器——设置CSS样式

创建CSS样式表——新建CSS样式表

认识Div——Div简介

Div+CSS布局优势——Div+CSS布局优点

创建Div——新建Div

盒子模型——思维模型

6.1 创建CSS样式

CSS样式表可以精准定位网页元素并对其外观进行设置，使网页呈现出更加美观的视觉效果。本小节将对CSS样式的创建进行讲解。

6.1.1 案例解析：美化文本内容

在学习创建CSS样式之前，可以跟随以下步骤了解并熟悉如何通过"CSS设计器"面板美化文本内容。

步骤 01 打开本章素材文件，如图6-1所示，按Ctrl+Shift+S组合键另存文件。

步骤 02 执行"窗口"|"CSS设计器"命令打开"CSS设计器"面板，单击"源"选项组中的"添加CSS源"按钮，在弹出的菜单中执行"在页面中定义"命令新建CSS样式，如图6-2所示。

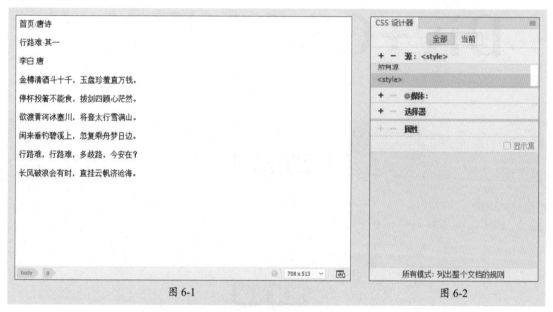

| 图 6-1 | 图 6-2 |

操作提示

打开素材文件前可以先新建站点。

步骤 03 单击"选择器"选项组中的"添加选择器"按钮添加".t1"选择器，如图6-3所示。

步骤 04 选择新建的选择器，在"属性"选项组中选择"文本"选项卡，设置文本参数，如图6-4所示。

步骤 05 选中网页文档中的第一行文字，在"属性"面板的HTML属性检查器中的"类"下拉列表框中选择t1，效果如图6-5所示。

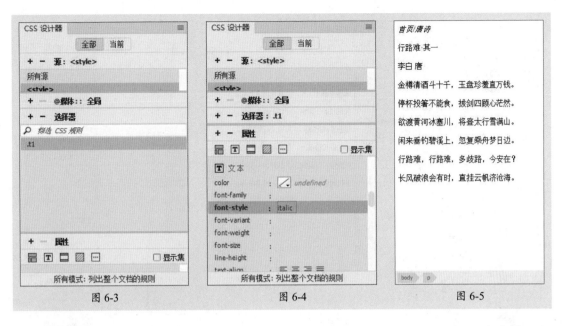

图 6-3　　　　　　　　　　　　图 6-4　　　　　　　　　　　　图 6-5

步骤 06 使用相同的方法新建选择器".t2"，在"属性"选项组中设置文本参数，如图6-6所示。

步骤 07 选中标题文字应用".t2"选择器，效果如图6-7所示。

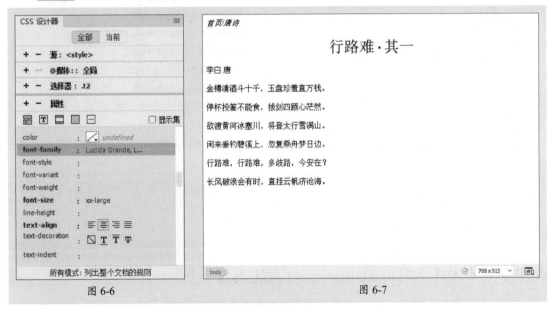

图 6-6　　　　　　　　　　　　　　　　　　　　图 6-7

步骤 08 使用相同的方法继续新建选择器".t3"，在"属性"选项组中设置文本参数，如图6-8所示，并将其应用至作者名称及朝代上，效果如图6-9所示。

步骤 09 使用相同的方法继续新建选择器".t4"，在"属性"选项组中设置文本参数，如图6-10所示，并将其应用至正文上，效果如图6-11所示。

图 6-8　　　　　　　　　　　　　　　　　　　　图 6-9

图 6-10　　　　　　　　　　　　　　　　　　　图 6-11

至此完成文本内容的美化。

6.1.2　认识CSS样式表——了解CSS

CSS即为层叠样式表，是一种用于表现HTML或XML等文件样式的计算机语言，它可以精准描述页面元素的显示方式和位置，有效地控制Web页面的外观，帮助设计者完成页面布局，还可以配合各种脚本语言动态地格式化网页各元素。

CSS样式表有以下五个特点。

- **样式定义丰富**：CSS可以设置丰富的文档样式外观，对网页中的文本、背景、边框、页面效果等元素都可以进行操作。
- **便于使用和修改**：使用CSS时，可以完成修改一个小的样式从而更新所有与其相关的页面元素的操作，简化操作步骤，使CSS样式的修改与使用更为便捷。

- **重复使用：** 在Dreamweaver软件中，可以创建单独的CSS文件，在多个页面中进行使用，从而制作页面风格统一的网页。
- **层叠：** 通过CSS，可以对一个元素多次设置样式，后面定义的样式将重写前面的样式设置，在浏览器中可以看到最后设置的样式效果。通过这一特性，可以在多个统一风格的页面中设置不一样的风格效果。
- **精简HTML代码：** 通过使用CSS，可以将样式声明单独放到CSS样式表中，减少文件大小，从而减少加载页面和下载的时间。

CSS格式设置规则由选择器和声明两部分组成，选择器是标识已设置格式元素的术语，声明大多数情况下为包含多个声明的代码块，用于定义样式属性。声明又包括属性和值两部分。CSS的基本语法如下。

选择器{属性名:属性值;}

当一个属性中有多个值时，每个值之间以空格隔开即可，如下所示。

选择器{属性:值1 值2 值3 值4;}

选择器、属性和属性值的作用分别如下。

1. 选择器

选择器用于定义CSS样式名称，每种选择器都有各自的写法。CSS中的选择器分为标签选择器、类选择器、ID选择器、复合选择器等。

1）标签选择器

一个HTML页面由很多不同的标签组成，而CSS标签选择器就是声明哪些标签采用哪种CSS样式。如：

```
h1{color:blue; font-size:12px;}
```

这里定义了一个h1选择器，针对网页中所有的<h1>标签都会自动应用该选择器中所定义的CSS样式，即网页中所有的<h1>标签中的内容都以大小是12像素的蓝色字体显示。

2）类选择器

类选择器用来定义某一类元素的外观样式，可应用于任何HTML标签。类选择器的名称由用户自定义，一般需要以"."作为开头。在网页中应用类选择器定义的外观时，需要在应用样式的HTML标签中添加class属性，并将类选择器名称作为其属性值进行设置。如：

```
.style_text{color:green; font-size:18px;}
```

这里定义了一个名称是"style_text"的类选择器，如果需要将其应用到网页中<div>标签中的文字外观，则添加如下代码。

```
<div class="style_text">类1</div>
<div class="style_text">类2</div>
```

网页最终的显示效果是两个<div>中的文字"类1"和"类2"都会以大小是18像素的绿色字体显示。

3）ID选择器

ID 选择器类似于类选择器，用来定义网页中某一个特殊元素的外观样式。ID选择器的名称由用户自定义，一般需要以"#"作为开头。在网页中应用ID选择器定义的外观时，需要在应用样式的HTML标签中添加id属性，并将ID选择器名称作为其属性值进行设置。如：

```
#style_text{color:yellow; font-size:16px;}
```

这里定义了一个名称是"style_text"的ID选择器，如果需要将其应用到网页中<div>标签中的文字外观，则添加如下代码。

```
<div id="style_text">ID选择器</div>
```

网页最终的显示效果是<div>中的文字"ID选择器"会以大小是16像素的黄色字体显示。

4）复合选择器

复合选择器可以同时声明风格完全相同或部分相同的选择器。

当有多个选择器使用相同的设置时，为了简化代码，可以一次性为它们设置样式，并在多个选择器之间加上"，"来分隔它们，当格式中有多个属性时，则需要在两个属性之间用"；"来分隔。如：

选择器1，选择器2，选择器3 {属性1：值1；属性2：值2；属性3：值3}

其他CSS的定义格式还有如：

选择符1 选择符2 {属性1：值1；属性2：值2；属性3：值3}

该格式在选择符之间少加了"，"，但其作用大不相同，表示如果选择符2包括的内容同时包括在选择符1中的时候，所设置的样式才起作用，这种也被称为"选择器嵌套"。

2. 属性

属性是CSS的重要组成部分，是修改网页中元素样式的根本。

3. 属性值

属性值是CSS属性的基础。所有的属性都需要有一个或一个以上的属性值。

6.1.3　CSS设计器——设置CSS样式

执行"窗口"｜"CSS设计器"命令或按Shift+F11组合键，即可打开"CSS设计器"面板，如图6-12所示。用户可以在该面板中完成大部分针对CSS样式的操作。

该面板中各选项组的作用如下。

- **"源"选项组：**与项目相关的CSS文件的集合。用于创建样式、附加样式、删除内部样式表或附加样式表。
- **"@媒体"选项组：**用于控制媒体查询。
- **"选择器"选项组：**用于显示所选源中的所有选择器。
- **"属性"选项组：**用于显示与所选的选择器相关的属性，选中"显示集"复选框将仅显示已设置属性的选项。

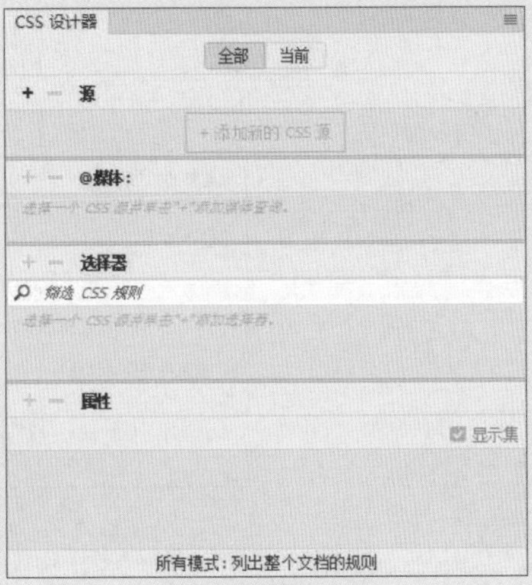

图 6-12

在"源"选项组中选中要删除的CSS源，按Delete键或Backspace键即可将其删除。需要注意的是，删除外部样式表时，并不会删除其源文件，只是取消其与当前网页的链接关系。

若想复制CSS样式，则选中"CSS设计器"面板中"选择器"选择组中的选择器，右击鼠标，在弹出的快捷菜单中执行相应的命令，即可复制CSS样式。如图6-13所示为弹出的快捷菜单。

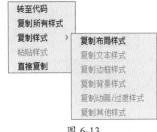

图 6-13

该菜单中部分复制命令的作用如下。

- **复制所有样式**：选择该命令后，将复制所选选择器的所有样式。选中另一选择器后右击鼠标，在弹出的快捷菜单中选择"粘贴样式"命令，即可将复制的样式粘贴在所选选择器中。
- **复制样式**：选择该命令可以单独复制所选选择器的某一样式。
- **直接复制**：选择该命令将直接复制并粘贴所选选择器。

6.1.4 创建CSS样式表——新建CSS样式表

通过"CSS设计器"面板即可创建CSS样式表，下面将对此进行介绍。

1. 创建新的 CSS 文件

"创建新的CSS文件"命令可以创建外部样式表。新建文档并打开"CSS设计器"面板，单击"源"选项组中的"添加CSS源"按钮 ，如图6-14所示。在弹出的菜单中执行"创建新的CSS文件"命令，打开"创建新的CSS文件"对话框，如图6-15所示。在该对话框中单击"浏览"按钮，打开"将样式表文件另存为"对话框，设置参数，如图6-16所示。完成后单击"保存"按钮，返回到"创建新的CSS文件"对话框，如图6-17所示。单击"确定"按钮，即可创建外部样式。

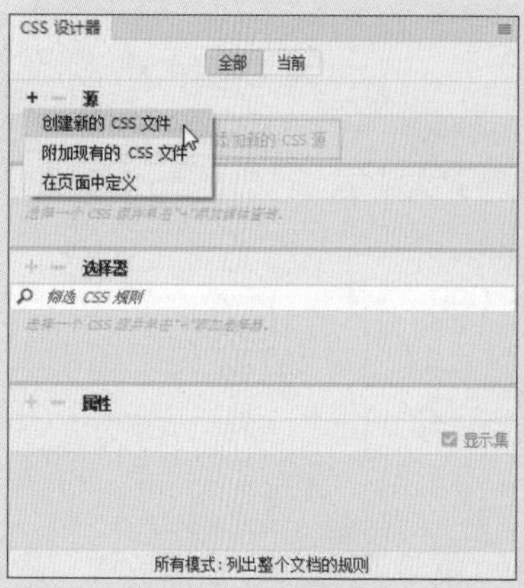

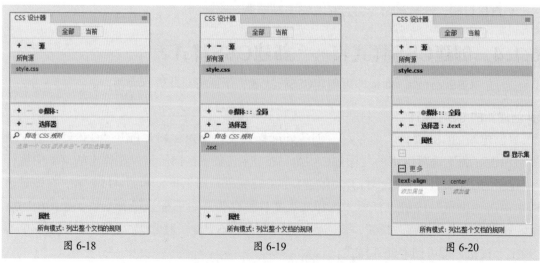

图 6-14 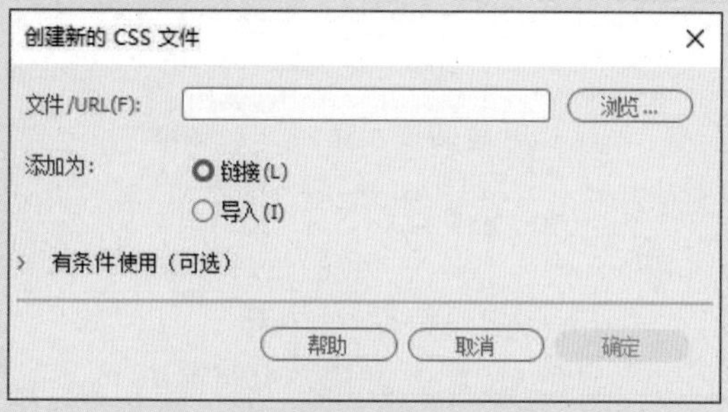   图 6-15

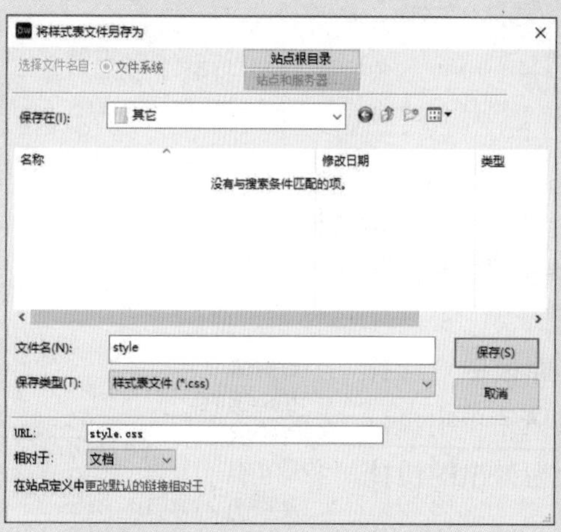

图 6-16 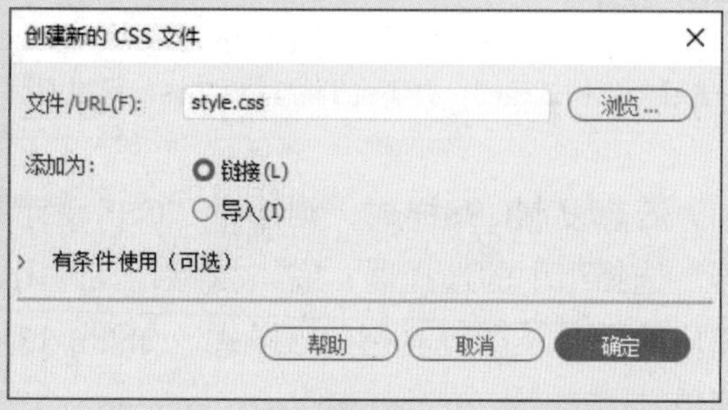   图 6-17

此时"CSS设计器"面板的"源"选项组中将出现新创建的外部样式，如图6-18所示。单击"选择器"选项组中的"添加选择器"按钮➕，在"选择器"选项组中将出现文本框，用户根据要定义的样式的类型输入名称，如定义类选择器".text"，如图6-19所示。选中定义的类选择器，在"属性"选项组中即可设置相关的属性，如图6-20所示。

图 6-18   图 6-19   图 6-20

CSS样式表分为内部样式表和外部样式表两种。内部CSS样式表是指包括在HTML文档头部分的style标签中的CSS规则；而外部CSS样式表是指存储在一个单独的外部CSS(.css)文件中的若干组CSS规则。

2. 附加现有的CSS文件

除了新建CSS样式表外，用户还可以为网页中的元素附加现有的CSS文件，以节省设计时间。常用的附加外部样式的方法有以下三种。

- 执行"文件"|"附加样式表"命令。
- 执行"工具"|CSS|"附加样式表"命令。
- 打开"CSS设计器"面板，单击"源"选项组中的"添加CSS源"按钮➕，在弹出的菜单中执行"附加现有的CSS文件"命令。

通过这三种方式均可以打开"使用现有的CSS文件"对话框，如图6-21所示。在"文件/URL"文本框中输入外部样式文件名或单击文本框右侧的"浏览"按钮，在打开的"选择样式表文件"对话框中选择要附加的文件即可。

图 6-21

"使用现有的CSS文件"对话框中部分选项的作用如下。

- **文件/URL：**用于选择要附加的外部样式表文件。
- **链接：**选择该选项，外部样式表将以链接的形式出现在网页文档中，在页面代码中生成<link>标签。
- **导入：**选择该选项，将导入外部样式表，在页面代码中生成<@Import>标签。

3. 在页面中定义

"在页面中定义"命令可以创建内部样式表，将CSS文件定义在当前文档中。在"CSS设计器"面板中单击"源"选项组中的"添加CSS源"按钮➕，在弹出的菜单中选择"在页面中定义"命令，在"源"选项组中即会出现<style>标签，完成CSS文件的定义，如图6-22所示。

创建完内部样式后，可以通过以下两种方式将其应用至网页中的不同元素上。

1）通过"属性"面板

在"文档"窗口中选中网页元素，若要为该元素应用类选择器，则在"属性"面板的HTML属性检查器中的"类"下拉列表框中选择定义的样式即可；若要为该元素应用ID选择器，则在"属性"面板的"ID"下拉列表框中选择定义的样式即可。

2）通过标签选择器

选中网页中的元素，在"文档"窗口底部的标签选择器相应的标签上右击鼠标，在弹出的快捷菜单中执行命令即可，如图6-23所示。

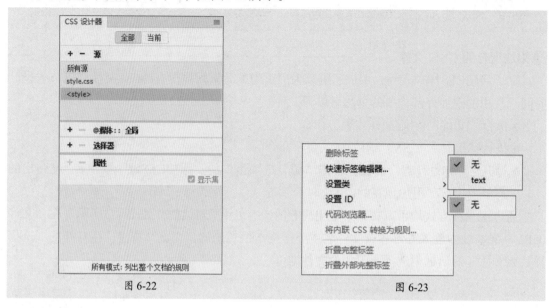

图 6-22   图 6-23

操作提示

执行"无"命令将取消选择器的应用。

6.2　定义CSS样式

通过CSS规则定义对话框即可定义CSS样式。在"属性"面板的CSS属性检查器中单击"目标规则"右侧的下拉按钮，在弹出的下拉菜单中选择要定义的选择器，单击"编辑规则"按钮即可打开对应选择器的CSS规则定义对话框，如图6-24所示。本节将对此进行介绍。

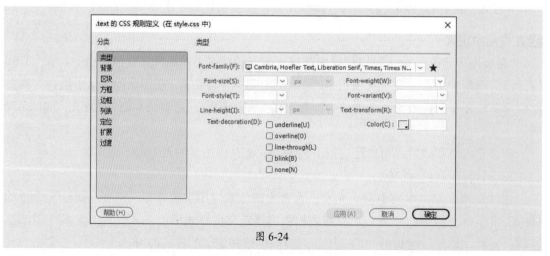

图 6-24

6.2.1 案例解析：定义旅行社网页样式

在学习定义CSS样式之前，可以跟随以下步骤了解并熟悉如何通过CSS规则定义对话框定义旅社网页样式。

步骤 01 打开本章素材文件，如图6-25所示，按Ctrl+Shift+S组合键另存文件。

步骤 02 执行"窗口"|"CSS设计器"命令打开"CSS设计器"面板，单击"源"选项组中的"添加CSS源"按钮➕，在弹出的菜单中执行"在页面中定义"命令新建CSS样式，单击"选择器"选项组中的"添加选择器"按钮添加".text1"选择器，如图6-26所示。

图 6-25

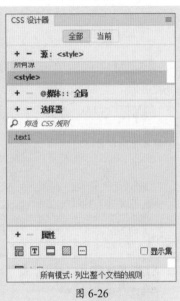

图 6-26

步骤 03 选中网页中的"首页"文字，在"属性"面板的CSS属性检查器中选择"目标规则"为.text1，单击"编辑规则"按钮打开".text1的CSS规则定义"对话框，在"类型"选项卡中设置文字参数，如图6-27所示。

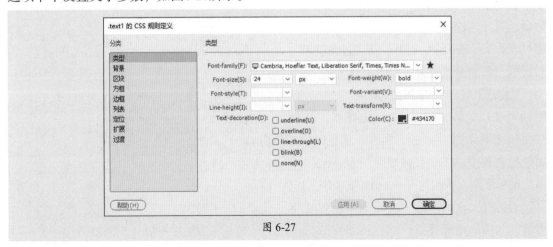

图 6-27

步骤 04 切换至"过渡"选项卡设置参数，如图6-28所示。

115

图 6-28

步骤 05 完成后单击"应用"按钮应用效果，单击"确定"按钮完成设置，效果如图6-29所示。

步骤 06 选择"首页"文字同行文字，设置其"目标规则"为.text1，效果如图6-30所示。

图 6-29

图 6-30

步骤 07 执行"窗口"|"CSS过渡效果"命令，打开"CSS过渡效果"面板，单击"新建过渡效果"按钮 ，打开"新建过渡效果"对话框，添加过渡效果，如图6-31所示。

步骤 08 单击"创建过渡效果"按钮，返回网页文档。新建".text2"选择器，选择"热门线路>>"文字，在"属性"面板的CSS属性检查器中选择"目标规则"为.text2，单击"编辑规则"按钮打开".text2的CSS规则定义"对话框，在"类型"选项卡中设置文字参数，如图6-32所示。

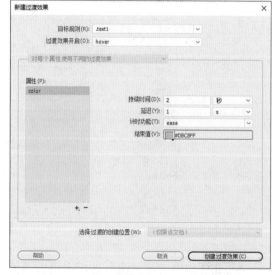

图 6-31

操作提示

hover是CSS中的鼠标悬停效果和动画。

图 6-32

步骤 09 完成后单击"应用"按钮应用效果，单击"确定"按钮完成设置，效果如图6-33所示。

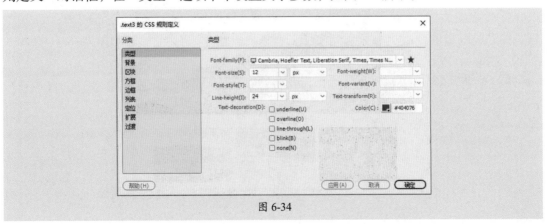

图 6-33

步骤 10 使用相同的方法新建".text3"选择器，选择最后一行文字，在"属性"面板的CSS属性检查器中选择"目标规则"为.text3，单击"编辑规则"按钮打开".text3的CSS规则定义"对话框，在"类型"选项卡中设置文字参数，如图6-34所示。

图 6-34

步骤 11 切换至"背景"选项卡设置参数，如图6-35所示。

图 6-35

步骤 12 完成后单击"应用"按钮应用效果，单击"确定"按钮完成设置，效果如图6-36所示。

图 6-36

步骤 13 至此完成旅社网页样式的定义。按Ctrl+S组合键保存文件。按F12键在浏览器中预览效果，如图6-37所示。

图 6-37

6.2.2　类型——设置CSS规则定义类型参数

"类型"选项卡中的选项主要用于设置字体参数，该选项卡中各选项的作用如下。

- **Font-family（字体）**：用于指定文本的字体。默认选择用户系统上安装的字体列表中的第一种字体显示文本。
- **Font-size（字体大小）**：用于指定文本中的字体大小，可以直接指定字体的像素（px）大小，也可以采用相对设置值。选择单位为像素，可以有效防止浏览器破坏页面中的文本。
- **Font-weight（字体粗细）**：用于指定字体的粗细。
- **Font-style（字体样式）**：用于设置字体的风格，包括normal（正常）、italic（斜体）、oblique（偏斜体）和inherit（继承）四个选项。
- **Font-variant（字体变体）**：用于定义小型的大写字母字体。
- **Line-height（行高）**：用于设置文本所在行的高度。
- **Text-transform（文本转换）**：可以控制将选定内容中的每个单词的首字母大写或者将文本设置为全部大写或小写。
- **Text-decoration（文本修饰）**：向文本中添加下画线、上画线或删除线，或使文本闪烁。
- **Color（颜色）**：用于设置文字的颜色。

6.2.3　背景——设置CSS规则定义背景参数

"背景"选项卡中的选项主要用于设置网页元素背景，如图6-38所示。

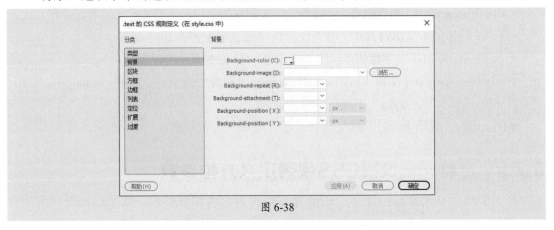

图 6-38

该选项卡中各选项的作用如下。

- **Background-color（背景颜色）**：用于设置CSS元素的背景颜色。
- **Background-image（背景图像）**：用于定义背景图像。单击"浏览"按钮将打开"选择图像源文件"对话框，可从中选择背景图像。
- **Background-repeat（背景重复）**：用于设置背景图片重复方式，包括no-repeat（不重复）、repeat（重复）、repeat-x（横向重复）和repeat-y（纵向重复）4种选项。
- **Background-attachment（背景滚动）**：用于设定背景图片是跟随网页内容滚

动，还是固定不动，包括scroll（滚动）和fixed（固定）两个选项。

- **Background-position（背景位置）：** 用于设置背景图片的初始位置。

6.2.4　区块——设置CSS规则定义区块参数

"区块"选项卡中的选项主要用于定义样式的间距及对齐方式，如图6-39所示。

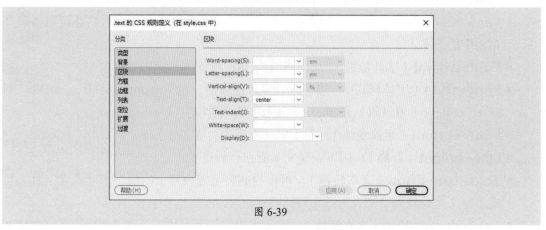

图 6-39

该选项卡中各选项的作用如下。

- **Word-spacing（单词间距）：** 用于设置文字的间距，包括"正常"和"值"两个选项。
- **Letter-spacing（字母间距）：** 用于设置字体间距。如需要减少字符间距，可指定一个负值。
- **Vertical-align（垂直对齐）：** 用于设置文字或图像相对于其父容器的垂直对齐方式。
- **Text-align（文本对齐）：** 用于设置区块的水平对齐方式。
- **Text-indent（文字缩进）：** 用于指定第一行文本缩进的程度。
- **White-space（空格）：** 用于确定如何处理元素中的空白，包括normal（正常）、pre（保留）和nowrap（不换行）三个选项。
- **Display（显示）：** 用于指定是否显示以及如何显示元素。

6.2.5　方框——设置CSS规则定义方框参数

网页中的所有元素包括文字、图像等都被视为包含在方框内，如图6-40所示为"方框"选项卡。

该选项卡中各选项的作用如下。

- **Width（宽）：** 用于设置网页元素对象宽度。
- **Height（高）：** 用于设置网页元素对象高度。
- **Float（浮动）：** 用于设置网页元素浮动，也可以确定其他元素（如文本、层、表格）围绕主体元素的哪一个边浮动。
- **Clear（清除）：** 用于清除设置的浮动效果。
- **Padding（填充）：** 用于指定显示内容与边框间的距离。

● **Margin（边距）**：用于指定网页元素边框与另外一个网页元素边框之间的距离。

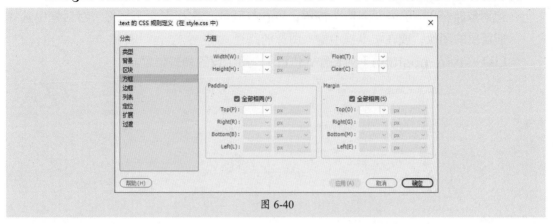

图 6-40

6.2.6　边框——设置CSS规则定义边框参数

"边框"选项卡中的选项主要用于设置网页元素的边框外观，如图6-41所示。

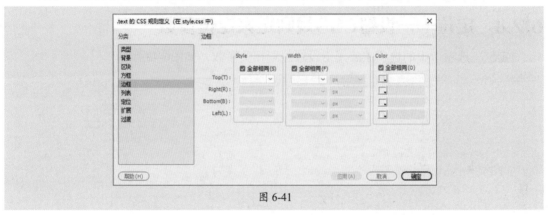

图 6-41

该选项卡中各选项的作用如下。

● **Style（样式）**：用于设置边框的样式，其显示方式取决于浏览器。

● **Width（宽度）**：用于设置边框粗细。取消选中"全部相同"复选框，可以设置各个边不同的宽度。

● **Color（颜色）**：用于设置边框颜色。取消选中"全部相同"复选框，可以设置各个边不同的颜色。

6.2.7　列表——设置CSS规则定义列表参数

"列表"选项卡中的选项主要用于设置列表参数，如图6-42所示。

该选项卡中各选项的作用如下。

● **List-style-type（列表样式类型）**：用于设置列表样式。其属性值包括disc（实心圆）、circle（空心圆）、square（实心方块）、decimal（小数）、lower-roman（小写罗马数字）、upper-roman（大写罗马数字）、low-alpha（小写英文字母）、upper-alpha（大写英文字母）、none（无）九个选项。

- **List-style-image（列表样式图像）：** 用于设置列表标记图像，属性值为url（标记图像路径）。单击"浏览"按钮，可在打开的"选择图像源文件"对话框中选择所需要的图像；或在文本框中输入图像的路径。
- **List-style-position（列表样式位置）：** 用于设置列表位置。

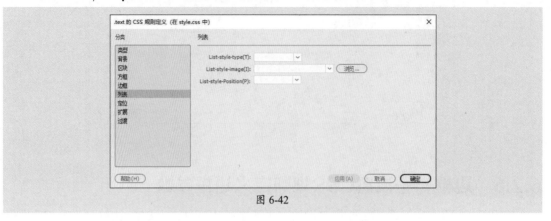

图 6-42

6.2.8 定位——设置CSS规则定义定位参数

"定位"选项卡中的选项主要用于设置位置相关参数，如图6-43所示。

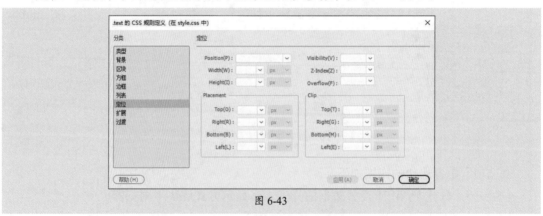

图 6-43

该选项卡中部分选项的作用如下。

- **Position（位置）：** 用于设置定位方式，包括static（默认）、absolute（绝对定位）、fixed（相对固定窗口的定位）和relative（相对定位）四个选项。
- **Visibility（显示）：** 用于指定元素是否可见，包括inherit（继承）、visible（可见）和hidden（隐藏）三个选项。
- **Z-Index（Z轴）：** 用于指定元素的层叠顺序。其属性值一般是数字，数字大的显示在上面。
- **Overflow（溢出）：** 用于指定超出部分的显示设置，包括visible（可见）、hidden（隐藏）、scroll（滚动）和auto（自动）四个选项。
- **Placement（置入）：** 用于指定AP div的位置和大小。
- **Clip（修剪）：** 用于定义AP div的可见部分。

6.2.9 扩展——设置CSS规则定义扩展参数

"扩展"选项卡中的选项主要用于设置分页和视觉效果，如图6-44所示。

图 6-44

该选项卡中各选项的作用如下。

- **分页**：用于为网页添加分页符，包括Page-break-before（之前分页）和Page-break-after（之后分页）两个选项。
- **Cursor（光标）**：用于定义鼠标形式。
- **Filter（滤镜）**：用于定义滤镜集合。

6.2.10 过渡——设置CSS规则定义过渡参数

"过渡"选项卡中的选项主要用于设置过渡效果，如图6-45所示。

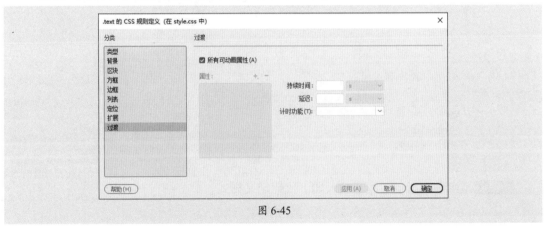

图 6-45

该选项卡中各选项的作用如下。

- **所有可动画属性**：选中该复选框后可以为过渡的所有CSS属性指定相同的过渡效果。
- **属性**：用于向过渡效果添加CSS属性。
- **持续时间**：用于设置过渡效果的持续时间，单位为秒(s)或毫秒(ms)。
- **延迟**：用于设置过渡效果开始之前的时间，单位为秒(s)或毫秒(ms)。
- **计时功能**：从可用选项中选择过渡效果样式。

6.3 Div+CSS布局基础

Div+CSS是一种主流的网页布局方式，它可以实现网页页面内容与表现形式的分离，使网页代码结构清晰且更加简便。本小节将对Div+CSS的基础知识进行讲解。

6.3.1 案例解析：制作文具公司网页

在学习Div+CSS布局基础之前，可以跟随以下步骤了解并熟悉如何通过Div+CSS布局文具公司网页。

步骤 01 执行"站点"|"新建站点"命令新建站点"站点-WJGSWY"，在"文件"面板中新建"文具公司网页"文件，双击打开。执行"窗口"|"CSS设计器"命令，在打开的"CSS设计器"面板中单击"源"选项组中的"添加CSS源"按钮 ➕，在弹出的菜单中执行"创建新的CSS文件"命令，新建css.css和layout.css文件，如图6-46所示。

步骤 02 在"CSS设计器"面板中选中css.css文件，单击"选择器"选项组中的添加选择器"按钮 ➕，在文本框中输入名称"*"。使用相同的方法，添加选择器body，如图6-47所示。

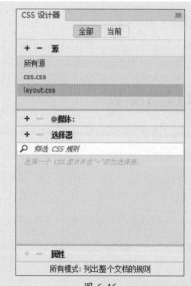

图 6-46

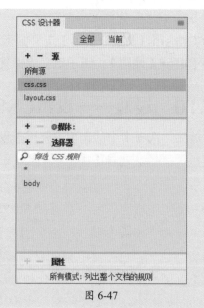

图 6-47

步骤 03 切换至css.css文件，输入如下代码定义样式。

```
@charset "utf-8";
* {margin:0px;
    boder:0px;
    padding:0px;
}
body {font-family: "宋体";
    font-size: 12px;
    color: #333333;
```

```
    background-color:#FFEE59;
}
```

效果如图6-48所示。

步骤 04 切换至源代码中，执行"插入"|Div命令，打开"插入Div"对话框，设置ID名称，如图6-49所示。

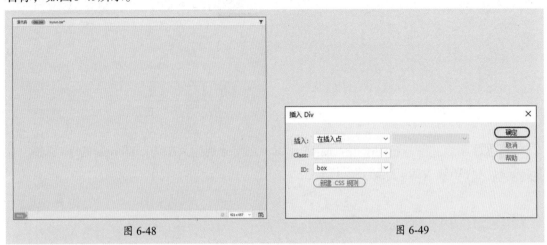

图 6-48   图 6-49

步骤 05 单击"确定"按钮，插入Div标签。切换至layout.css文件，输入如下代码定义CSS规则。

```
#box {width: 900px;
    background-color: #FFFFFF;
    margin: auto;
}
```

步骤 06 移动鼠标指针至Div中，删除文字。使用相同的方法，插入一个ID为top的Div，删除文字后在该Div中执行"插入"|Image命令，插入本章素材图像"01.jpg"，如图6-50所示。

步骤 07 使用相同的方法，在<div id="top">结束标签之前插入一个名为main的Div标签。切换至layout.css文件，输入如下代码定义样式。

```
#main {
    height: 180px;
    width: 880px;
    margin-top: 10px;
    margin-right: 10px;
    margin-left: 10px;
}
```

效果如图6-51所示。

图 6-50   图 6-51

步骤 08 删除文字，在<div id="main"></div>之间分别插入ID为left和right的Div标签，在layout.css文件中输入如下代码定义样式。

```
#left{
    border: 1px solid #CCC;
    width: 550px;
    float: left;
    height: 160px;
}
#right {
    float: right;
    width: 310px;
    border: 1px solid #CCC;
    height: 160px;
}
```

效果如图6-52所示。

步骤 09 切换至源代码中，在<div id="left"></div>之间添加如下代码。

```
<h2><span>热门产品</span></h2>
    <ul>
        <li><img src="02.jpg" width="160" height="106" /></li>
        <li><img src="03.jpg" width="160" height="106" /></li>
        <li><img src="04.jpg" width="160" height="106" /></li>
    </ul>
```

切换至layout.css文件，输入如下代码。

```
#left ul li {
    width:160px;
```

```
    float:left;
    display:inline;
    text-align:center;
    margin-top: 15px;
    margin-bottom: 10px;
    margin-left: 10px;
}
```

效果如图6-53所示。

图 6-52

图 6-53

步骤 10 使用相同的方法，在<div id="right"></div>之间添加如下代码。

```
<h2><span>产品分类</span></h2>
  <ul>
    <li> 笔</li>
    <li> 纸</li>
    <li> 文件袋</li>
    <li> 计算器</li>
    <li> 画板</li>
  </ul>
```

切换至layout.css文件，输入如下代码。

```
#right ul {
    line-height: 24px;
    margin-top: 10px;
    margin-left: 15px;
}

#right ul li {
    list-style-type: none;
}
```

效果如图6-54所示。

步骤 11 在<div id="box">结束标签之前插入ID为footer的Div标签，在源代码中添加如下代码。

```
<dl>
    <dt>关于我们 | 产品展示 | 新闻中心 | 联系我们 | 在线留言</dt>
    <dd>©2023 文一文具</dd>
</dl>
```

切换至layout.css文件，输入如下代码。

```
#footer {
    text-align: center;
    border-top-width: 5px;
    border-top-style: solid;
    border-top-color: #006600;
    margin-top: 10px;
}
#footer dl dt {
    height:28px;
    line-height:30px;
}
#footer dl dd {
    line-height:2;
}
```

效果如图6-55所示。

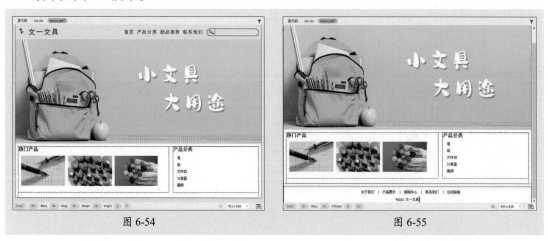

图 6-54   图 6-55

步骤 12 至此完成文具网页的定义。按Ctrl+S组合键保存文件。按F12键在浏览器中预览效果，如图6-56所示。

图 6-56

6.3.2　认识Div——Div简介

Div的全称为division（划分），是层叠样式表中的定位技术。Div可以将复杂的网页内容分割成独立的区块，一个Div标签中可以放置一个图片，也可以显示一行文本。简单来讲，Div标签就是容器，可以存放任何网页显示元素。

6.3.3　Div+CSS布局优势——Div+CSS布局优点

Div可以将复杂网页分割为独立的Div区块，而CSS可以控制Div的显示外观，结合Div和CSS即可精准地布局网页。与传统Table布局相比，Div+CSS布局具有以下三个优点。

- **节省页面代码**：传统的Table技术在布局网页时经常会在网页中插入大量的<table>、<tr>、<td>等标记，这些标记会造成网页结构更加臃肿，为后期的代码维护造成很大干扰。而采用Div+Css布局页面，则不会增加太多代码，也便于后期网页的维护。
- **加快网页浏览速度**：当网页结构非常复杂时，就需要使用嵌套表格完成网页布局，这就加重了网页下载的负担，使网页加载非常缓慢。而采用Div+CSS布局网页，将大的网页元素切分成小的，从而加快了访问速度。
- **便于网站推广**：Internet网络中每天都有海量网页存在，这些网页需要有强大的搜索引擎，而作为搜索引擎的重要组成，网络爬虫则肩负着检索和更新网页链接的职能，有些网络爬虫遇到多层嵌套表格网页时则会选择放弃，这就使得这类的网站不能为搜索引擎检索到，也就影响了该类网站的推广应用。而采用Div+CSS布局网页则会避免此类问题。

除此之外，使用Div+CSS网页布局技术还可以根据浏览窗口大小自动调整当前网页布局；同一个CSS文件可以链接到多个网页，实现网站风格统一、结构相似等。在设计网页时，用户应根据实际需要酌情选择合适的布局方式。

6.3.4　创建Div——新建Div

Dreamweaver中包括多种创建Div的方式，如"插入"命令、直接输入代码等，下面将对此进行讲解。

1. "插入"命令

在网页文档中执行"插入"| Div命令,打开"插入Div"对话框,在该对话框中进行相应设置,如图6-57所示。单击"确定"按钮,即可在网页文档中插入Div,如图6-58所示。

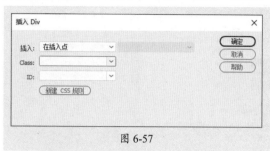

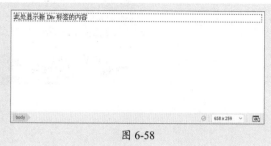

| 图 6-57 | 图 6-58 |

操作提示

Class和ID可以将CSS样式和应用样式的标签相关联,作为标签的属性来使用,不同之处在于,通过Class属性关联的类选择器样式一般都表示一类元素通用的外观,而通过ID属性关联的ID选择器样式则表示某个特殊的元素外观。

在"插入Div"对话框中单击"新建CSS规则"按钮,将打开"新建CSS规则"对话框,如图6-59所示。用户可以在该对话框中设置选择器类型、选择器名称等参数,完成后单击"确定"按钮,将打开相应的CSS规则定义对话框定义CSS规则。

2. "插入"面板

在"插入"面板中单击HTML选项中的Div按钮,如图6-60所示,打开"插入Div"对话框进行设置,完成后单击"确定"按钮,即可在网页文档中插入Div。

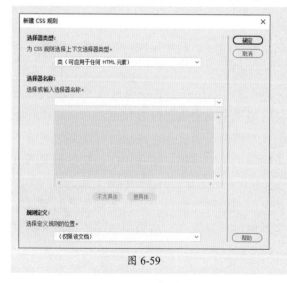

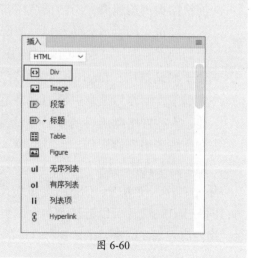

| 图 6-59 | 图 6-60 |

直接在代码视图中<body></body>标签之间输入<div></div>标签即可创建Div。

6.3.5 盒子模型——思维模型

盒子模型是CSS技术所使用的一种思维模型，它是指将所有页面中的元素看成是一个盒子，用户可以通过调整盒子的边框和距离等参数，来调节盒子的位置。

盒子模型由内容（content）、边框（border）、填充（padding）和边界（margin）四部分组成，如图6-61所示。每个区域又可以再具体分为top、bottom、left、right四个方向，多个区域的不同组合就决定了盒子的最终显示效果。

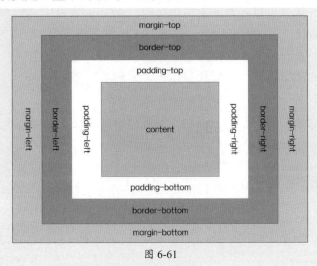

图 6-61

盒子模型四部分的作用分别如下。

1. 边界（margin）

margin区域位于盒子模型最外层，环绕在该元素的content区域四周，用于调节边框以外的空白间隔。若margin的值为0，则margin边界与border边界重合。

边界属性包括margin-left、margin-right、margin-top、margin-bottom和margin五种，但在应用中，一般只使用margin来简写。下面将对此进行介绍。

1）margin:15px 10px 15px 20px

该代码表示上外边距是15px，右外边距是10px，下外边距是15px，左外边距是20px。

该代码中margin的值是按照上、右、下、左的顺序进行设置的，即从上边距开始按照顺时针方向旋转。

2）margin:15px 10px 20px

该代码表示上外边距是15px，右外边距和左外边距是10px，下外边距是20px。

3）margin:8px 16px

该代码表示上外边距和下外边距是8px，右外边距和左外边距是16px。

4）margin:12px

该代码表示上下左右边距都是12px。

当两个垂直外边距相遇时，它们将形成一个外边距，合并后的外边距的高度等于两个发生合并的外边距的高度中的较大者。用户可以通过添加边框消除外边距带来的困扰。

2. 边框（border）

border是环绕内容区和填充的边界。边框属性包括border-style、border-width、border-color和border四种。其中border-style是边框最重要的属性。

3. 填充（padding）

CSS中的padding属性可以控制元素的内边距。padding属性定义元素边框与元素内容之间的空白区域，接受长度值或百分比值，但不允许使用负值。

若希望所有h1元素的各边都有5像素的内边距，则代码描述如下。

```
h1 {padding: 5px;}
```

用户还可以按照上、右、下、左的顺序分别设置各边的内边距，各边均可以使用不同的单位或百分比值，如下所示。

```
h1 {padding: 5px 0.3em 4ex 10%;}
```

完整代码如下。

```
h1 {
padding-top: 5px;
padding-right: 0.3em;
padding-bottom: 4ex;
padding-left: 10%;
}
```

也可以为元素的内边距设置百分数值。百分数值是相对于其父元素的 width 计算的，这一点与外边距一样。所以，如果父元素的 width 改变，它们也会改变。

把段落的内边距设置为父元素width的20%的代码如下所示。

```
p {padding: 20%;}
```

若一个段落的父元素是Div元素，那么它的内边距要根据Div的width计算。

```
<div style="width: 300px;">
<p>This paragragh is contained within a DIV that has a width of 300 pixels.</p>
</div>
```

上下内边距与左右内边距一致，即上下内边距的百分数会相对于父元素的宽度设置，而不是相对于高度。

4. 内容（content）

内容是盒子模型的中心，用于存放盒子的主要信息。

课堂实战 制作幼儿园网页

本章课堂实战练习制作幼儿园网页，以综合练习本章的知识点，并熟练掌握和巩固素材的操作。下面将介绍具体的操作步骤。

步骤 01 新建网页文档并保存。执行"窗口"|"CSS设计器"命令，打开"CSS设计器"面板，单击"源"选项组中的"添加CSS源"按钮➕，在弹出的菜单中选择"创建新的CSS文件"命令，新建css.css和layout.css文件，如图6-62所示。

步骤 02 在"CSS设计器"面板中选中css.css，单击"选择器"选项组中的"添加选择器"按钮➕，在文本框中输入名称"*"。使用相同的方法，添加选择器body，如图6-63所示。

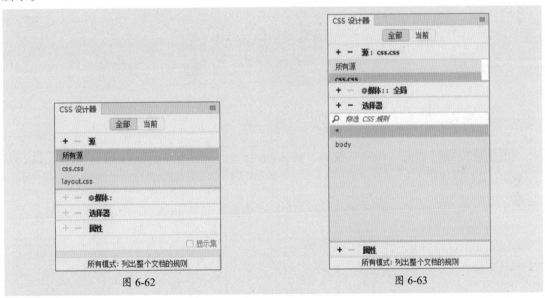

图 6-62   图 6-63

步骤 03 切换至css.css文件，输入如下代码定义样式。

```
@charset "utf-8";
/* CSS Document */


*{
  margin:0px;
  boder:0px;
  padding:0px;
  }
body {
  font-family: "宋体";
```

```
    font-size: 12px;
    color: #333;
    background-image: url(../images/index_01.jpg);
    background-repeat: repeat-x;
    background-color: #dee6f3;
}
```

效果如图6-64所示。

步骤 04 切换至源代码，移动鼠标指针至网页文档中，执行"插入"| Div命令，打开"插入Div"对话框，设置参数，如图6-65所示。

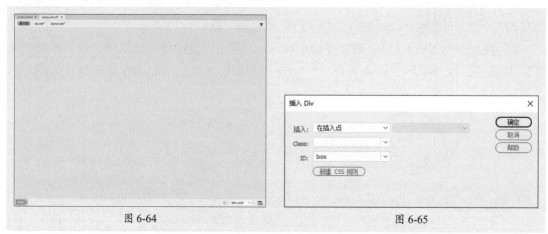

图 6-64　　　　　　　　　　　　　　　　　　图 6-65

步骤 05 完成后单击"确定"按钮，插入Div标签。切换至layout.css文件，输入如下所示代码定义CSS规则。

```
#box {
    width: 970px;
    background-color: #ffffff;
    margin: auto;
}
```

步骤 06 移动鼠标指针至Div中，使用相同的方法，插入一个ID为top的Div。移动鼠标指针至名为top的Div中，继续插入一个名为top-1的Div，在该Div中执行"插入"| Image命令，插入本章素材图像，如图6-66所示。

步骤 07 选中名为top-1的Div，执行"插入"| Div命令，在<div id="top">结束标签之前插入一个名为nav的Div标签，在源代码中设置列表代码，如下所示。

```
<div id="nav">
  <ul>
    <li>网站首页</li>
    <li>学校概况</li>
    <li>新闻中心</li>
```

```
    <li>招生动态</li>
    <li>教学教研</li>
    <li>活动园地</li>
    <li>联系我们</li>
    <li>在线留言</li>
  </ul></div>
```

效果如图6-67所示。

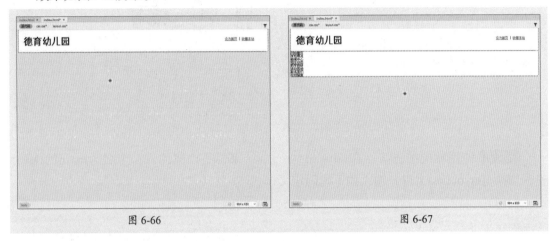

图 6-66   图 6-67

步骤 08 切换至layout.css文件，输入如下代码定义样式。

```css
#nav {
    font-family: "宋体";
    font-size: 14px;
    color: #000;
    text-align: center;
    height: 30px;
    background-image: url(../images/index_06.jpg);
    background-repeat: repeat-x;
    margin-right: 5px;
    margin-left: 5px;
}
#nav ul li {
    text-align: center;
    float: left;
    list-style-type: none;
    height: 25px;
    width: 105px;
    margin-top: 3px;
    margin-left: 7px;
}
```

效果如图6-68所示。

步骤 09 使用相同的方法，在<div id="top">结束标签之前插入一个名为top-2的Div标签，在该标签中插入图像，效果如图6-69所示。

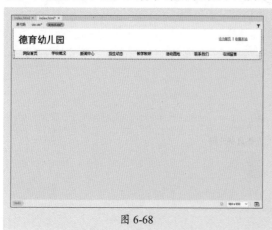

图 6-68 　　　　　　　　　　　　　　　　　　　图 6-69

步骤 10 使用相同的方法，在<div id="top">结束标签之前插入一个名为main的Div标签，切换至layout.css文件，输入如下代码定义样式。

```
#main {
    height: 240px;
    width: 950px;
    margin-top: 10px;
    margin-right: 10px;
    margin-left: 10px;
}
```

效果如图6-70所示。

步骤 11 在名为main的Div标签中删除文字，分别插入名为left和right的Div标签，在layout.css文件中输入如下代码定义样式。

```
#left {
    float: left;
    height: 240px;
    width: 600px;
}
#right {
    float: right;
    height: 240px;
    width: 330px;
}
```

效果如图6-71所示。

图 6-70　　　　　　　　　　　　　　　　图 6-71

步骤 12 切换至源代码，在名为left的Div标签中添加如下代码。

```
<div id="left-1">
    <h2><span>幼儿园概况</span></h2>
    <dl>
        <dt><img src="images/01.jpg" border="1" /></dt>
        <dd>
            <p>德育幼儿园学校建于1968年，学校占地面积170多亩，是一所国家公办的幼儿园。师资
力量雄厚，所有老师均有丰富的照顾幼儿经验，2004年我园被评为"青山市十佳幼儿园"之一。
作为一所优秀的幼儿园，本园内具有丰富的活动场地，活动器具齐全，安全系数高</p>
        </dd>
    </dl>
</div>
```

切换至layout.css文件，输入如下代码。

```
#left-1 {
    height: 200px;
    margin-bottom: 20px;
    border: 1px solid #CCC;
}

#left-1 h2 {
    height: 28px;
    border-bottom: 1px solid #dbdbdb;
    background-image: url(../images/index_11.jpg);
    background-repeat: repeat-x;
}
#left-1 h2 span{
    font-size: 14px;
    color: #000;
    padding-left:20px;
```

```
        font-family: "宋体";
        float: left;
        padding-top: 4px;
    }
    #left-1 dl{
        margin-top:15px;
        }
    #left-1 dl dt{
        width:180px;
        height:140px;
        float:left;
        margin-right:20px;
        margin-left: 5px;
    }
    #left-1 dl dd{
        text-indent:24px;
        line-height:25px;
        margin-right: 10px;
    }
```

效果如图6-72所示。

步骤 13 切换至源代码，在名为right的Div标签之间添加如下代码。

```
<div id="right-1">
    <h2><span>新闻中心</span></h2>
    <ul>
        <li>最受欢迎教师评选热烈进行中</li>
        <li> 热烈庆祝我园张雪老师获得省级高级职称</li>
        <li>王安副市长到我园检查假期工作</li>
        <li> "保护自己"知识活动在我园积极展开</li>
        <li> 热烈祝贺我园入选青山市十佳幼儿园之一 </li>
        <li> 市教育局领导到德育幼儿园视察 </li>
    </ul>
</div>
```

步骤 14 切换至layout.css文件，输入如下代码。

```
#right-1 {
    height: 200px;
    margin-bottom: 20px;
    border: 1px solid #CCC;
}

#right-1 h2 {
```

```
    height: 28px;
    border-bottom: 1px solid #dbdbdb;
    background-image: url(../images/index_11.jpg);
    background-repeat: repeat-x;
}
#right-1 h2 span{
    font-size: 14px;
    color: #000;
    padding-left:20px;
    font-family: "宋体";
    float: left;
    padding-top: 4px;
}
#right-1 ul {
    line-height: 24px;
    margin-top: 10px;
    margin-left: 15px;
}


#right-1 ul li {
    list-style-type: none;
}
```

效果如图6-73所示。

图 6-72   图 6-73

步骤 15 在box的Div结束标签之前插入一个名为footer的Div标签，在源代码中输入如下代码。

```
<div id="footer"><dl>
    <dt>关于我们 | 新闻中心 | 联系我们 | 问题反馈</dt>
    <dd>©2022 德育幼儿园</dd>
</dl></div>
```

效果如图6-74所示。

步骤 16 切换至layout文件，输入如下代码。

```css
#footer {
    text-align: center;
    margin-top: 10px;
    background-image: url(../images/index_15.jpg);
    background-repeat: repeat-x;
    height: 50px;
}
#footer dl dt {
    line-height: 30px;
}
#footer dl dd {

}
```

效果如图6-75所示。

图 6-74　　　　　　　　　　　　　　　　　图 6-75

步骤 17 至此完成幼儿园网页的制作。按Ctrl+S组合键保存文件。按F12键在浏览器中预览效果，如图6-76所示。

图 6-76

课后练习 制作建筑公司网页

下面将综合本章学习知识，练习制作建筑公司网页如图6-77所示。

图 6-77

1. 技术要点

①新建网页文档，创建外部样式表，并链接至网页。

②插入Div，设置CSS样式。

③插入图像、文本等，并应用CSS样式。

2. 分步演示

如图6-78所示。

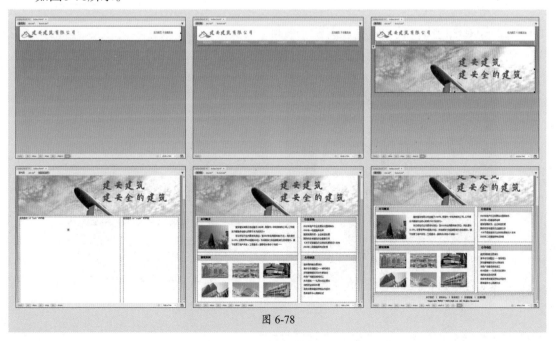

图 6-78

上海博物馆

上海博物馆位于上海市黄浦区，是一家综合性博物馆，馆内包括古代青铜馆、古代雕塑馆、古代陶瓷馆、历代书法馆、历代玺印馆、少数民族工艺馆、明清家居馆、古代玉器馆等多个展馆。博物馆首页如图6-79所示。

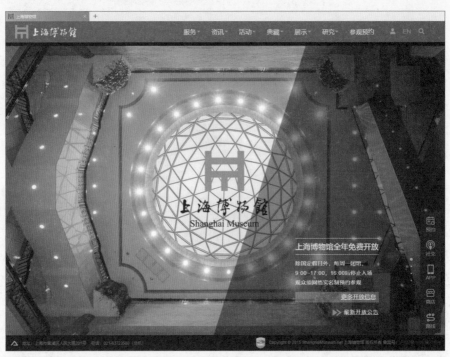

图 6-79

上海博物馆馆藏文物数量众多，珍品无数，包括青铜、陶瓷、书画、雕塑、甲骨、货币、玉器等31个门类，其中青铜、陶瓷、书画最为突出。其中较为珍贵的文物有西周大克鼎、范文正公集、晋归义氏王印金印等，如图6-80所示。

图 6-80

第**7**章

表单技术

内容导读

表单元素使网页更具交互性。本章将对表单进行讲解，包括表单的概念、表单域的创建；文本、文本区域、密码等常用文本类表单；单选按钮、复选框等选项类表单；文件域、表单按钮等常用表单。

思维导图

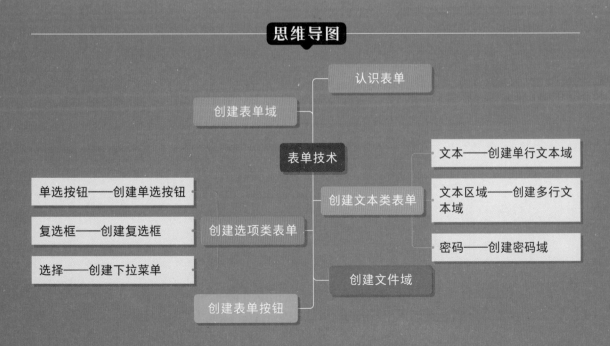

7.1 认识表单

表单是网页中负责采集数据的工具，可以存储如文本、密码、单选按钮、复选框、数字以及提交按钮等对象，这些对象也被称为表单对象。制作动态网页时，需要先插入表单，再在表单中继续插入其他表单对象。若反转执行顺序，或没有将表单对象插入到表单中，则数据不能被提交到服务器。

当用户将信息输入表单并提交时，这些信息就会被发送到服务器，服务器端应用程序或脚本对这些信息进行处理，再通过请求信息发送回用户，或基于该表单内容执行一些操作来进行响应。

7.2 创建表单域

表单域主要用于采集用户填写的数据信息。在设计表单时，首先需要创建表单域，再在表单域中添加不同的表单对象。

打开网页文档后移动鼠标指针至要插入表单的位置，执行"插入"|"表单"|"表单"命令，或在"插入"面板中单击"表单"中的"表单"按钮，即可插入表单域，如图7-1所示。

图 7-1

选中插入的表单域，可以在"属性"面板中设置ID、Class等参数，如图7-2所示。

图 7-2

其中部分常用选项的作用如下。

- **ID**：用于标识该表单的唯一名称。
- **Action（行动）**：用于设置处理这个表单的服务器端脚本的路径。若不希望被服务器的脚本处理，可以采用E-mail的形式收集信息，如输入"12345678@qq.com"，则表示表单的内容将通过电子邮件发送至12345678@qq.com内。

- **Method（方法）：** 用于设置将表单数据发送到服务器的方法，包括"默认"、POST和GET三个选项，默认选择POST。
- **Enctype（编码类型）：** 用于设置发送数据的MIME编码类型，包括application/x-www-form-urlencoded和multipart/form-data两个选项。
- **Target（目标）：** 用于指定反馈网页显示的位置，包括_blank、new、_parent、_self和_top五个选项。

7.3　创建文本类表单

常用的文本类表单包括文本、文本区域、密码等，这些表单支持用户输入单行或多行文本、密码之类的信息。下面将对此进行介绍。

7.3.1　案例解析：制作登录界面

在学习创建文本类表单之前，可以跟随以下步骤了解并熟悉如何通过"文本"和"密码"表单制作登录界面。

步骤 01 打开本章素材文件，如图7-3所示。按Ctrl+Shift+S组合键另存文件。

图 7-3

步骤 02 移动鼠标指针至"登录"下方，执行"插入"|"表单"|"表单"命令插入表单域，如图7-4所示。

图 7-4

步骤 03 执行"插入"|"表单"|"文本"命令插入单行文本域，并修改文本框左侧的文字，如图7-5所示。

图 7-5

步骤 04 选中插入的文本框，在"属性"面板中设置参数，如图7-6所示。

图 7-6

步骤 05 移动鼠标指针至文本框右侧，按Enter键换行，执行"插入"|"表单"|"密码"命令插入密码文本域，并修改文本框左侧的文字，如图7-7所示。

图 7-7

步骤 06 选中插入的文本框，在"属性"面板中设置参数，如图7-8所示。

图 7-8

步骤 07 移动鼠标指针至文本框右侧，按Enter键换行，执行"插入"|"表单"|"按钮"命令添加按钮，在"属性"面板中设置参数，如图7-9所示。

图 7-9

步骤 08 使用相同的方法，在该按钮右侧再次添加一个按钮并设置参数，效果如图7-10所示。

图 7-10

步骤 09 在表单下方输入文本，如图7-11所示。

图 7-11

步骤 10 至此完成登录界面的制作。按Ctrl+S组合键保存文件。按F12键在浏览器中预览效果，如图7-12所示。

图 7-12

7.3.2　文本——创建单行文本域

"文本"表单在网页中可以收集姓名、数字等文字信息。移动鼠标指针至网页文档中要添加"文本"表单的位置，执行"插入"｜"表单"｜"文本"命令，即可插入单行文本域，如图7-13所示。

保存文档后按F12键测试效果，可在该文本框中输入文本，如图7-14所示。

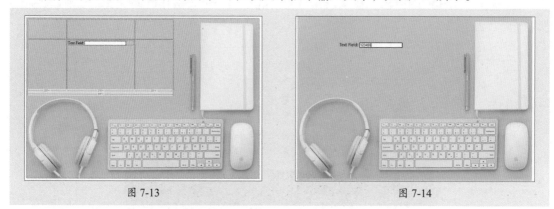

图 7-13　　　　　　　　　　　　　　　　图 7-14

在Dreamweaver中选择插入的"文本"表单，在"属性"面板中即可设置其名称、初始值等参数，如图7-15所示。

图 7-15

其中部分常用选项的作用如下。

- **Name（名称）**：用于设置文本域名称。
- **Class（类）**：用于将CSS规则应用于文本域。
- **Size（字符宽度）**：用于设置文本域中显示的字符数的最大值。
- **Max Length（最大字符数）**：用于设置文本域中输入的字符数的最大值。
- **Value**：用于设置文本框的初始值。
- **Disabled**：选中该复选框，将禁用该文本字段。
- **Required**：选中该复选框，在提交表单之前必须填写该文本框。
- **Read Only（只读）**：选中该复选框，文本框中的内容将设置为只读，不能进行修改。
- **Form**：用于设置与表单元素相关的表单标签的ID。

7.3.3　文本区域——创建多行文本域

若想创建可输入多行文本的文本域，可以通过"文本区域"命令实现。移动鼠标指针至网页文档中要添加"文本区域"表单的位置，执行"插入"｜"表单"｜"文本区域"命令，即可插入多行文本域，如图7-16所示。

保存文档后按F12键测试效果，可在该文本框中输入多行文本，如图7-17所示。

图 7-16   图 7-17

在Dreamweaver中选择插入的"文本区域"表单，在"属性"面板中即可设置其可见高度、初始值等参数，如图7-18所示。

图 7-18

其中部分常用选项的作用如下。

- **Rows**：用于设置文本框可见高度。
- **Cols**：用于设置文本框字符宽度。
- **Wrap**：用于设置文本是否换行。
- **Value**：用于设置文本框的初始值。

7.3.4 密码——创建密码域

"密码"表单可用于输入加密文本，当用户在密码域中输入文本时，文本将被替换为隐藏符号，以避免被查看。移动鼠标指针至网页文档中要添加"密码"表单的位置，执行"插入"|"表单"|"密码"命令，即可插入密码文本域，如图7-19所示。

保存文档后按F12键测试效果，在该文本框中输入文本将被替换为隐藏符号，如图7-20所示。

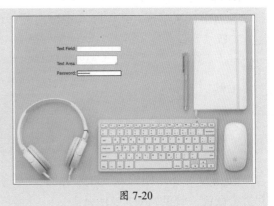

图 7-19   图 7-20

7.4 创建选项类表单

选项是网页中常见的表单元素,Dreamweaver支持创建单选按钮、复选框及下拉列表框等。本小节将对此进行说明。

7.4.1 案例解析:制作线上报名表

在学习创建选项类表单之前,可以跟随以下步骤了解并熟悉如何通过"单选按钮组""选择"表单等功能制作线上报名表。

步骤 01 打开本章素材文件,如图7-21所示。按Ctrl+Shift+S组合键另存文件。

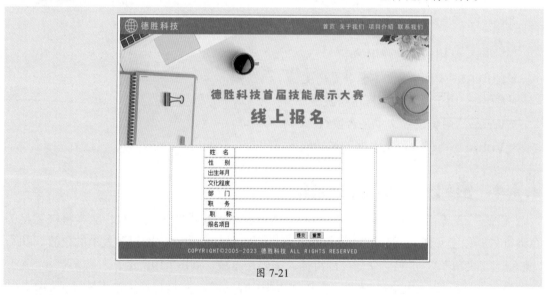

图 7-21

步骤 02 移动鼠标指针至"姓名"右侧的单元格中,执行"插入"|"表单"|"文本"命令插入单行文本域,并删除文本框左侧的文字,在"属性"面板中设置该表单参数,如图7-22所示。

图 7-22

步骤 03 使用相同的方法在"部门""职务""职称"右侧的单元格中插入单行文本域,并进行设置,效果如图7-23所示。

步骤 04 移动鼠标指针至"性别"右侧的单元格中，执行"插入"|"表单"|"单选按钮组"命令打开"单选按钮组"对话框，设置参数，如图7-24所示。

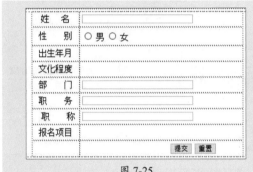

图 7-23   图 7-24

步骤 05 完成后单击"确定"按钮，效果如图7-25所示。

步骤 06 移动鼠标指针至"出生年月"右侧的单元格中，执行"插入"|"表单"|"日期"命令插入日期，如图7-26所示。

图 7-25   图 7-26

步骤 07 移动鼠标指针至"文化程度"右侧的单元格中，执行"插入"|"表单"|"选择"命令插入下拉列表框，删除文字后在"属性"面板中单击"列表值"按钮，打开"列表值"对话框，设置参数，如图7-27所示。

步骤 08 完成后单击"确定"按钮，效果如图7-28所示。

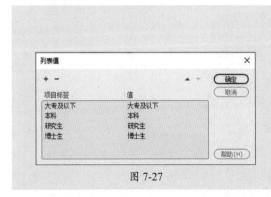

图 7-27   图 7-28

步骤 09 移动鼠标指针至"报名项目"右侧的单元格中，执行"插入"|"表单"|"文本区域"命令插入多行文本域，在"属性"面板中设置参数，如图7-29所示。

图 7-29

步骤 **10** 至此完成线上报名表的制作。按Ctrl+S组合键保存文件。按F12键在浏览器中预览效果，如图7-30、图7-31所示。

图 7-30　　　　　　　　　　　　　　　　　　图 7-31

7.4.2　单选按钮——创建单选按钮

在Dreamweaver中可以通过"单选按钮"和"单选按钮组"表单创建单选按钮。下面将对这两种表单进行介绍。

1. 单选按钮

移动鼠标指针至网页文档中要添加"单选按钮"表单的位置，执行"插入"|"表单"|"单选按钮"命令，即可插入单选按钮，如图7-32所示。

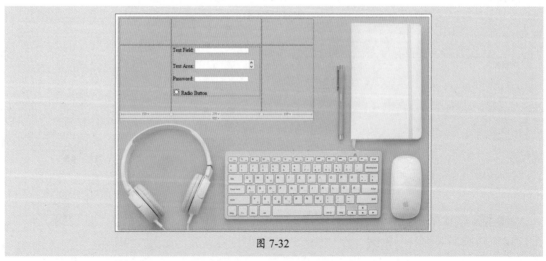

图 7-32

选择插入的单选按钮，在"属性"面板中可设置其参数，如图7-33所示。其中Checked复选框用于设置该选项是否处于被选中状态。

图 7-33

2. 单选按钮组

"单选按钮组"表单可用于添加多个单选按钮。移动鼠标指针至网页文档中要添加"单选按钮组"表单的位置，执行"插入"|"表单"|"单选按钮组"命令打开"单选按钮组"对话框，如图7-34所示。设置参数后单击"确定"按钮，即可插入多个单选按钮。

该对话框中部分选项的作用如下。

- **名称**：用于设置单选按钮组的名称。
- **➕和➖**：用于添加或删除单选按钮。
- **标签**：用于设置单选按钮选项。
- **值**：用于设置单选选项代表的值。即当选择该选项时，表单指向的处理程序所获得的值。
- **换行符和表格**：用于设置单选按钮的布局方式。

图 7-34

7.4.3　复选框——创建复选框

"复选框"表单和"复选框组"表单支持创建可多选的选项。下面将对此进行介绍。

1. 复选框

移动鼠标指针至网页文档中要添加"复选框"表单的位置，执行"插入"|"表单"|"复选框"命令，即可插入复选框，如图7-35所示。

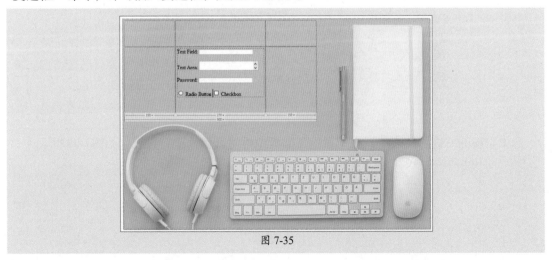

图 7-35

选中插入的复选框，在"属性"面板中可对其属性进行设置，如图7-36所示。

图 7-36

② 复选框组

"复选框组"表单可一次插入多个复选框。执行"插入"|"表单"|"复选框组"命令，打开"复选框组"对话框，如图7-37所示。设置参数后单击"确定"按钮，即可插入复选框组。

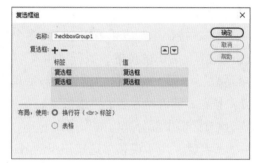

图 7-37

7.4.4 选择——创建下拉菜单

"选择"表单可以制作下拉菜单。执行"插入"|"表单"|"选择"命令，即可插入下拉菜单，如图7-38所示。

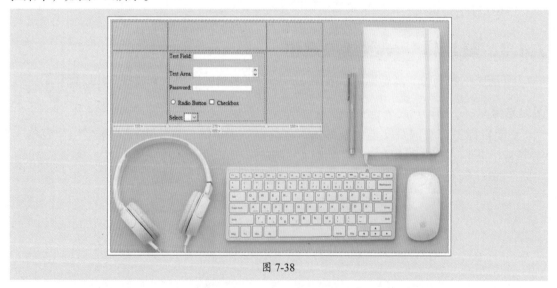

图 7-38

选中添加的"选择"表单，在"属性"面板中可对其属性进行设置，如图7-39所示。

图 7-39

其中部分常用选项的作用如下。

- **Size:** 用于设置下拉列表框的行数。
- **Selected:** 用于设置默认选择的选项。
- **列表值:** 单击该按钮将打开"列表值"对话框,设置下拉列表框选项内容,如图7-40所示。

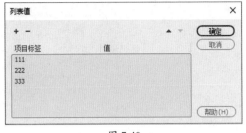

图 7-40

7.5 创建文件域

"文件"表单可以实现在网页中上传文件的功能。执行"插入"|"表单"|"文件"命令,即可插入文件域,如图7-41所示。

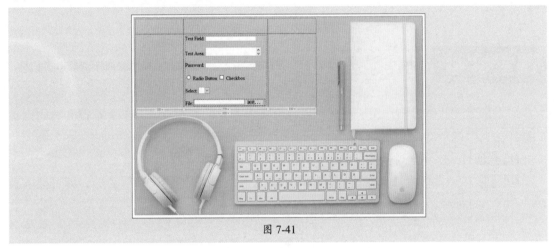

图 7-41

选中添加的"文件"表单,在"属性"面板中可对其属性进行设置,如图7-42所示。若想使文件域支持添加多个值,可以在"属性"面板中选中Multiple复选框。

图 7-42

7.6 创建表单按钮

Dreamweaver中包括多个表单按钮,其中常用的为"提交"和"重置"按钮。"提交"按钮可以将表单数据内容提交到服务器;"重置"按钮可以重置表单中输入的信息。

执行"插入"|"表单"|"提交"命令即可在表单中添加"提交"按钮;执行"插入"|"表单"|"重置"命令即可在表单中添加"重置"按钮。如图7-43所示为添加"提交"和"重置"按钮的效果。

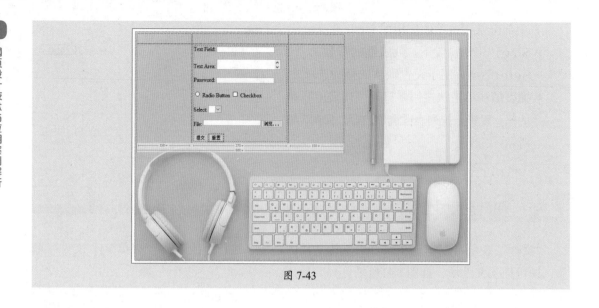

图 7-43

课堂实战 制作注册网页

本章课堂实战练习制作注册网页，以综合练习本章的知识点，并熟练掌握和巩固素材的操作。下面将介绍具体的操作步骤。

步骤01 打开本章素材文件，如图7-44所示。另存文件。

步骤02 移动鼠标指针至空白处，执行"插入"|"表单"|"表单"命令，即可插入表单，如图7-45所示。

图 7-44   图 7-45

步骤03 移动鼠标指针至表单中，执行"插入"| Table命令，在表单中插入一个8行2列、表格宽度为500像素、边框粗细和单元格边距为0、单元格间距为10的表格，如图7-46所示。

步骤04 选中表格第1列，设置"水平"为"左对齐"，"垂直"为"居中"，宽度为150像素，高度为30像素，效果如图7-47所示。

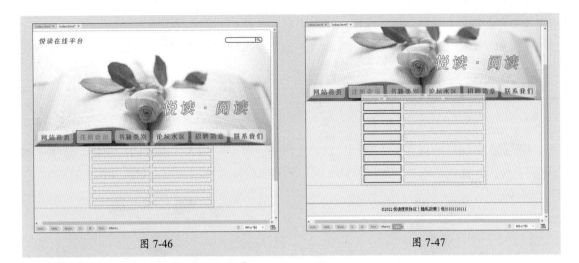

图 7-46   图 7-47

步骤 05 使用相同的方法设置表格第2列，效果如图7-48所示。

步骤 06 移动鼠标指针至第1列单元格中，输入文字，如图7-49所示。

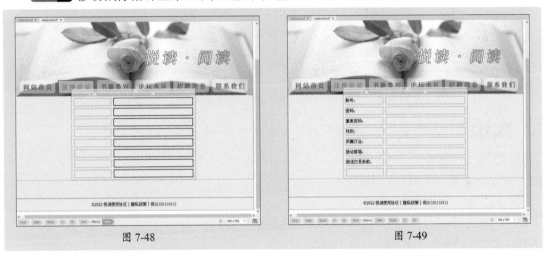

图 7-48   图 7-49

步骤 07 移动鼠标指针至第1行第2列单元格中，单击"插入"面板的"表单"选项中的"文本"按钮，插入单行文本框，如图7-50所示。删除文本框左侧的文字，效果如图7-51所示。

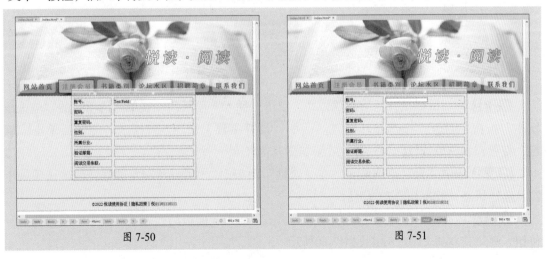

图 7-50   图 7-51

步骤 08 选中文本框，在"属性"面板中设置参数，如图7-52所示。

图 7-52

步骤 09 移动鼠标指针至第2行第2列单元格中，单击"插入"面板的"表单"选项中的"密码"按钮，插入密码框，如图7-53所示。删除密码框左侧的文字，效果如图7-54所示。

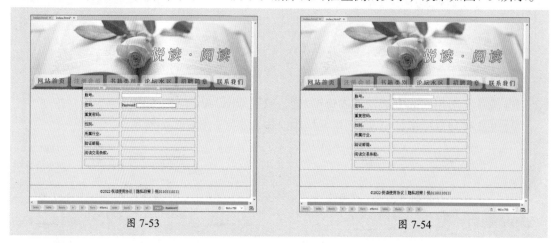

图 7-53   图 7-54

步骤 10 选中密码框，在"属性"面板中设置参数，如图7-55所示。

图 7-55

步骤 11 使用相同的方法在第3行第2列单元格中插入密码框，并对其进行设置，如图7-56所示。

图 7-56

步骤 12 移动鼠标指针至第4行第2列，单击"插入"面板的"表单"选项中的"单选按钮组"按钮，打开"单选按钮组"对话框，设置参数，如图7-57所示。完成后单击"确定"按钮，调整单选按钮为一行，效果如图7-58所示。

步骤 13 选中"男"单选按钮，在"属性"面板中选中Checked复选框，使该选项处于默认选择状态，效果如图7-59所示。

步骤 14 移动鼠标指针至第5行第2列，单击"插入"面板的"表单"选项中的"选择"按钮，删除其左侧文字，效果如图7-60所示。

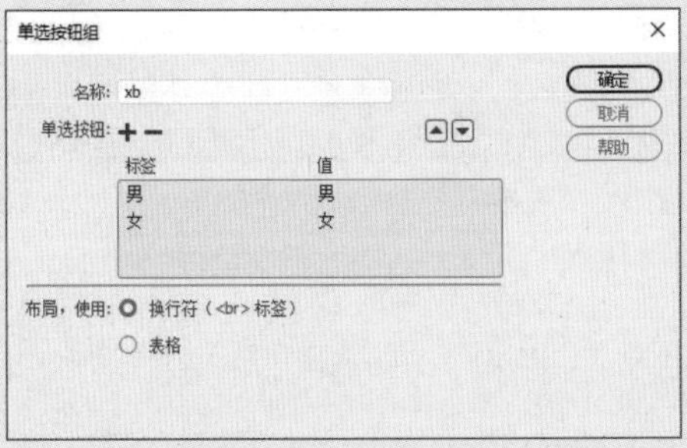

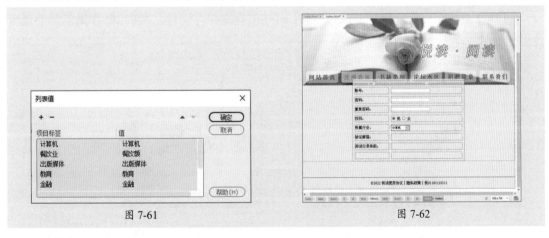

图 7-57 　　　　　　　　　　　　　　　　　图 7-58

图 7-59 　　　　　　　　　　　　　　　　　图 7-60

步骤 15 选中选择文本框，在"属性"面板中单击"列表值"按钮，打开"列表值"对话框，设置参数，如图7-61所示。完成后单击"确定"按钮，效果如图7-62所示。

图 7-61　　　　　　　　　　　　　　　　　图 7-62

步骤 16 在第6行第2列中插入单行文本框，其设置与第1行第2列中的一致，只是Name改为txt email，效果如图7-63所示。

步骤 17 在第7行第2列中插入"单选按钮组"，并进行设置，效果如图7-64所示。

步骤 18 移动鼠标指针至第8行第2列单元格中，单击"插入"面板的"表单"选项中的"提交"按钮，即可插入"提交"按钮，如图7-65所示。

步骤 19 在"提交"按钮右侧插入"重置"按钮，效果如图7-66所示。

图 7-63　　　　　　　　　　　　　　　　图 7-64

图 7-65　　　　　　　　　　　　　　　　图 7-66

步骤 20 至此完成注册网页的制作。按Ctrl+S组合键保存文件。按F12键在浏览器中预览效果，如图7-67、图7-68所示。

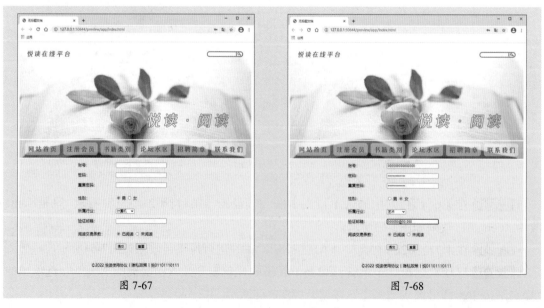

图 7-67　　　　　　　　　　　　　　　　图 7-68

课后练习 制作问答网页

下面将综合本章学习的知识制作问答网页，如图7-69、图7-70所示。

图 7-69

图 7-70

1. 技术要点

①打开素材文件后插入表单。

②在表单中插入表格，并设置参数。

③在表格中输入文字，添加选项类表单。

2. 分步演示

如图7-71所示。

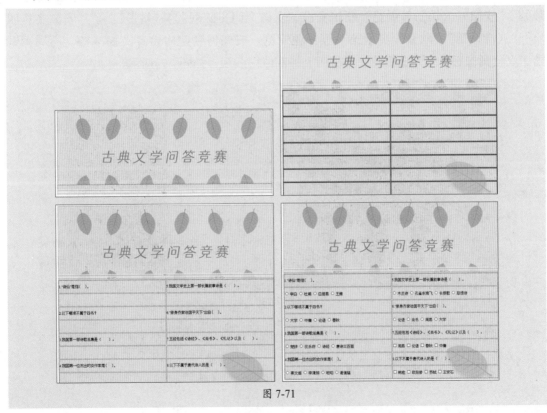

图 7-71

安徽博物院

安徽博物院位于安徽省合肥市，是一家集自然、历史、社会为一体的省级综合类博物馆，馆内文物大多与安徽的历史发展息息相关，从不同角度展示了安徽的历史文化亮点和近现代特色。博物院首页如图7-72所示。

图 7-72

安徽博物院分为老馆和新馆两个展馆，老馆常设"安徽革命史陈列""安徽古生物陈列""安徽好人馆"等展览；新馆常设"安徽文明史陈列""徽州古建筑""安徽文房四宝""江淮撷珍""欧豪年美术馆"等专题展览。安徽博物院内馆藏文物丰富，商周青铜器、汉代画像石、宋元金银器、文房四宝等都值得一观，如图7-73所示。

图 7-73

第**8**章

模板与库

内容导读

　　模板和库有助于网页设计者创建部分元素相同、风格统一的网页。本章将对模板与库的应用进行介绍，包括创建模板、可编辑区域和可选区域的创建；模板的应用和管理；库项目的创建和管理等。

思维导图

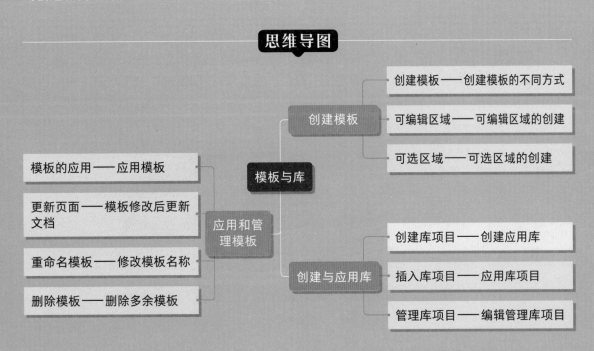

8.1 创建模板

模板在网站制作中非常实用，它可以快速创建部分区域一致的网页，为大批量网页设计节省了时间。本小节将对模板的创建进行介绍。

8.1.1 案例解析：创建网页模板

在学习创建模板之前，可以跟随以下步骤了解并熟悉如何通过"创建模板"命令创建网页模板，并创建可编辑区域。

步骤 01 执行"站点"|"新建站点"命令新建站点"站点-CJWYMB"，在"文件"面板中新建"网页模板"文件。双击打开该文件，执行"插入"|"模板"|"创建模板"命令打开"另存模板"对话框，设置参数，如图8-1所示。完成后单击"保存"按钮，在弹出的提示框中单击"是"按钮创建模板。

步骤 02 执行"插入"|Table命令，打开Table对话框，设置参数，如图8-2所示。

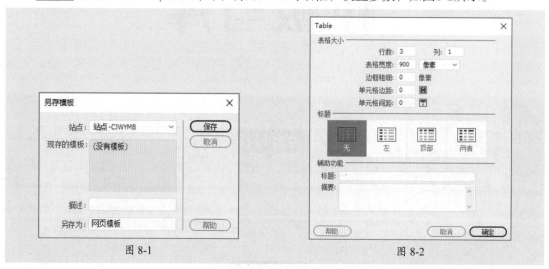

图 8-1　　　　　　　　　　　　　　　　　图 8-2

步骤 03 完成后单击"确定"按钮创建表格。移动鼠标指针至表格第一行中，从"文件"面板中拖曳素材"01.jpg"至表格第一行中，拖曳素材"02.jpg"至表格第三行中，效果如图8-3所示。

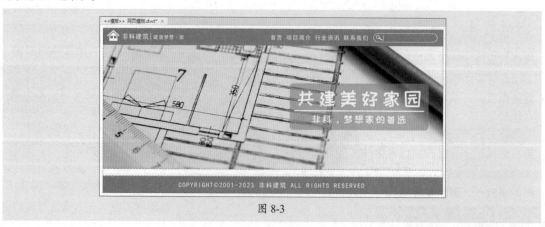

图 8-3

步骤 **04** 移动鼠标指针至表格第二行中，在"属性"面板中设置单元格"水平"为"居中对齐"。执行"插入"|"模板"|"可编辑区域"命令打开"新建可编辑区域"对话框，在"名称"文本框中输入可编辑区域的名称，如图8-4所示。

步骤 **05** 单击"确定"按钮创建可编辑区域，如图8-5所示。按Ctrl+S组合键保存文件。至此完成网页模板的创建。

图 8-4   图 8-5

8.1.2 创建模板——创建模板的不同方式

在Dreamweaver中既可以新建模板，也可以从现有网页中创建模板。下面将对不同的创建方式进行说明。

1. 直接创建模板

新建网页文档，执行"插入"|"模板"|"创建模板"命令或单击"插入"面板的"模板"选项卡中的"创建模板"选项，打开"另存模板"对话框，如图8-6所示。设置参数后单击"保存"按钮，即可将新建的空白文档转换为模板文档。此时"文件"面板中将出现Templates文件夹，保存的模板文档以*.dwt格式存储在该文件夹中。

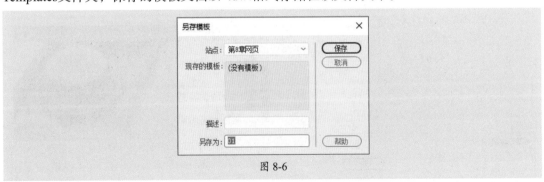

图 8-6

操作提示

在"资源"面板的"模板"选项卡中单击面板底部的"新建模板"按钮 同样可以创建模板文件。

2. 从现有网页中创建模板

用户也可以选择将现有网页转换为模板，以节省制作的时间。打开要作为模板的网页

文档，执行"文件"|"另存为模板"命令打开"另存模板"对话框，如图8-7所示。设置参数后单击"保存"按钮，即可保存模板文件。

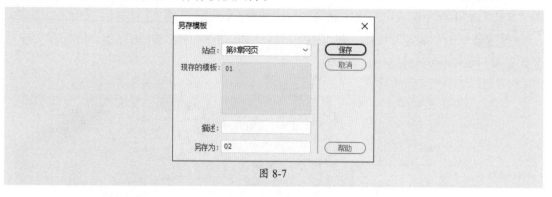

图 8-7

8.1.3　可编辑区域——可编辑区域的创建

可编辑区域是基于模板的文档中未锁定的区域，即模板中可以编辑的部分。用户可以将模板的任何区域指定为可编辑的。要使模板生效，其中至少应该包含一个可编辑区域，否则基于该模板的页面是不可编辑的。

操作提示

默认情况下，在创建模板时模板中的布局就已被设为锁定区域。若想修改锁定区域，需要重新打开模板文件对模板内容编辑修改。

打开模板，移动鼠标指针至需要创建可编辑区域的位置，执行"插入"|"模板"|"可编辑区域"命令或按Ctrl+Alt+V组合键，打开"新建可编辑区域"对话框，在"名称"文本框中输入可编辑区域的名称，如图8-8所示。单击"确定"按钮，即可创建可编辑区域，如图8-9所示。

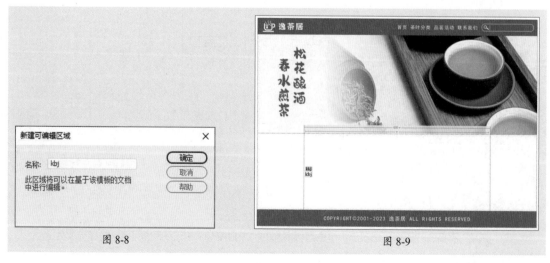

图 8-8　　　　　　　　　　　　　　　　　　　　图 8-9

选中可编辑区域，执行"工具"|"模板"|"删除模板标记"命令可以取消可编辑区域。

用户可以创建嵌套模板，使新模板既拥有基本模板的可编辑区域，又可以继续添加新的可编辑区域。在创建嵌套模板（新模板）时，需要先保存被嵌套模板文件（基本模板），然后创建应用基本模板的网页，再将该网页另存为模板。

8.1.4 可选区域——可选区域的创建

可选区域用于保存有可能在基于模板的文档中出现的内容（如文本或图像）。在基于模板的页面上，模板用户通常控制是否显示内容。可选区域分为不可编辑的可选区域和可编辑的可选区域两种。下面将对此进行介绍。

1. 不可编辑的可选区域

在打开的模板文档中选择要设置为可选区域的元素，执行"插入"|"模板"|"可选区域"命令，打开"新建可选区域"对话框，在"基本"选项卡中设置名称，如图8-10所示。完成后切换至"高级"选项卡设置可选区域的值，如图8-11所示。设置完成后单击"确定"按钮即可。

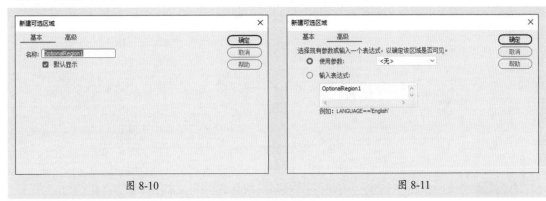

图 8-10   图 8-11

2. 可编辑的可选区域

模板用户不仅可以设置是否显示或隐藏该区域，还可以编辑该区域中的内容。可编辑区域是由条件语句控制的。

在打开的模板文档中移动鼠标指针至要插入可选区域的位置，执行"插入"|"模板"|"可编辑的可选区域"命令，打开"新建可选区域"对话框，设置参数，如图8-12所示。完成后单击"确定"按钮即可。

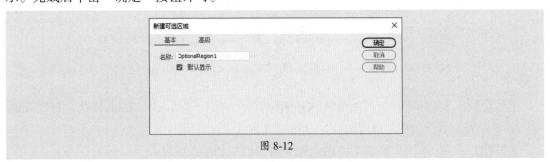

图 8-12

8.2 应用和管理模板

制作模板后，就可以将其应用至网站建设中，应用后设计者也可及时地更改或更新模板内容。下面将对模板的应用和管理进行介绍。

8.2.1 案例解析：应用网页模板

在学习应用和管理模板之前，可以跟随以下步骤了解并熟悉如何通过应用模板快速制作网页。

步骤 01 执行"站点"|"新建站点"命令新建站点"站点-YYWYMB"。执行"文件"|"新建"命令，打开"新建文档"对话框，选择"网站模板"选项卡，选择站点中的模板，如图8-13所示。

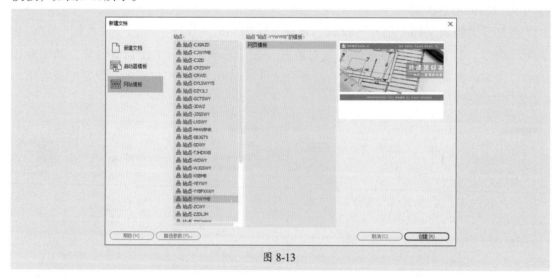

图 8-13

步骤 02 完成后单击"创建"按钮即可根据模板新建网页文档，如图8-14所示。

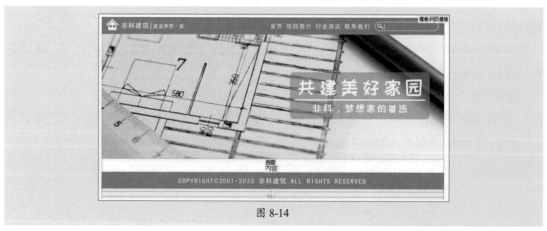

图 8-14

步骤 03 移动鼠标指针至可编辑区域并删除文字。执行"插入"| Table命令，打开Table对话框，设置参数，如图8-15所示。

步骤 04 完成后单击"确定"按钮创建表格，效果如图8-16所示。

图 8-15   图 8-16

步骤 05 在"属性"面板中设置新建表格右侧单元格宽度为240，设置第二行单元格高度为200，效果如图8-17所示。

步骤 06 在第一行表格单元格中输入文字，在"属性"面板中设置"格式"为"标题2"，颜色为蓝色（#5D83FE），效果如图8-18所示。

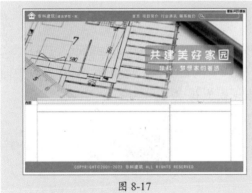

图 8-17   图 8-18

步骤 07 设置第二行第一列单元格"水平"为"居中对齐"，在该单元格中插入图像素材，如图8-19所示。

步骤 08 设置第二行第二列单元格"垂直"为"顶端对齐"，在该单元格中输入文字，并添加项目符号，效果如图8-20所示。

图 8-19   图 8-20

步骤09 至此完成网页模板的应用。按Ctrl+S组合键保存文件。按F12键在浏览器中预览效果，如图8-21所示。

图 8-21

8.2.2 模板的应用——应用模板

应用模板会创建一个基于模板的文档，用户可以在可编辑区域中进行修改。执行"文件"|"新建"命令，打开"新建文档"对话框，选择"网站模板"选项卡，选择站点中的模板，如图8-22所示。单击"创建"按钮，即可根据模板新建网页文档。

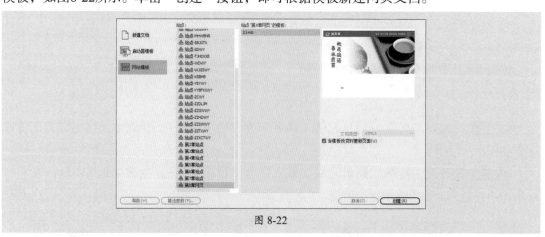

图 8-22

用户也可以打开现有文档后在"资源"面板的"模板"选项卡中选中要应用的模板，然后单击底部的"应用"按钮或执行"工具"|"模板"|"应用模板到页"命令，打开"选择模板"对话框，选择模板进行应用。

操作提示

执行"工具"|"模板"|"从模板中分离"命令可将当前网页从模板中分离，此时网页中所有的模板代码将被删除，用户可以修改网页的不可编辑区域。

8.2.3　更新页面——模板修改后更新文档

"更新页面"命令可以一次性更新整个站点中所有使用该模板的文档。修改模板后打开使用模板的网页，执行"工具"|"模板"|"更新页面"命令，打开"更新页面"对话框，如图8-23所示。设置参数后单击"开始"按钮，即可更新模板。

图 8-23

"更新页面"对话框中各选项的作用如下。

- **查看：** 用于设置更新的范围。选择"整个站点"选项表示按相应模板更新所选站点中的所有文件；选择"文件使用"选项则表示只针对特定模板更新文件。
- **更新：** 用于设置更新级别，包括"库项目""模板"和Web Fonts script tag三个选项。
- **显示记录：** 用于显示更新文件记录。

8.2.4　重命名模板——修改模板名称

为了更好地识别模板，可以为模板重命名。在"资源"面板中选中要重命名的模板，如图8-24所示，单击进入可编辑状态，输入名称后在空白处单击即可，如图8-25所示。

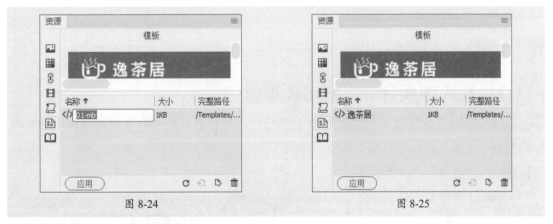

图 8-24　　　　　　　　　　　　　　图 8-25

8.2.5　删除模板——删除多余模板

在"资源"面板中选中模板后单击"删除"按钮🗑即可将其删除。删除模板后，基于该模板创建的文档中依然保留该模板文件在被删除前所具有的结构和可编辑区域。

8.3 创建与应用库

库可以存储网页上的资源或资源副本，库中的项目被称为库项目，更改库项目后，所有使用该库项目的网页会自动更新。本小节将对库的创建和应用进行介绍。

8.3.1 创建库项目——创建应用库

用户可以新建空白库项目，也可以将文档<body>部分中的任意元素创建为库项目。下面将对此进行介绍。

1. 新建空白库项目

在不选择任何对象的情况下单击"资源"面板的"库"选项卡底部的"新建库项目"按钮，即可新建空的库项目，如图8-26所示。添加库项目后，站点本地根文件夹下将自动创建Library文件夹，库项目将作为单独的文件保存在该文件夹中。

2. 从现有元素创建库项目

选择网页文档中的元素后单击"资源"面板的"库"选项卡底部的"新建库项目"按钮，或执行"工具"|"库"|"增加对象到库"命令，即可基于选定对象创建库项目，如图8-27所示。

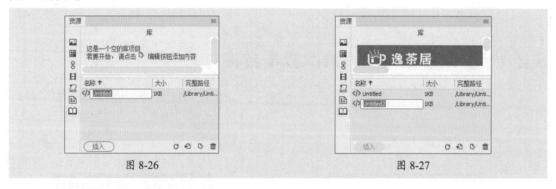

图 8-26　　　　　　　　　　　　　　　　　　　图 8-27

8.3.2 插入库项目——应用库项目

可以将库项目直接插入至网页文档中进行应用。移动鼠标指针至要插入库项目的位置，选中"资源"面板的"库"选项卡中的库项目，如图8-28所示，单击"插入"按钮即可将其插入至网页中，如图8-29所示。

图 8-28

图 8-29

172

8.3.3 管理库项目——编辑管理库项目

为了更好地应用创建好的库项目，用户可以对库项目进行管理。下面将对此进行介绍。

1. 编辑库项目

选中"资源"面板的"库"选项卡中的库项目，双击或单击面板底部的"编辑"按钮
，即可打开库项目文件进行编辑，如图8-30所示。编辑完成后保存文档即可。

图 8-30

> **操作提示**
>
> 在当前文档中选择要编辑的库项目，在"属性"面板中单击"从源文件中分离"按钮可断开此项目和库之间的链接，断开后库项目发生更改时不会再更新这个实例。

2. 重命名库项目

在"资源"面板中单击要重命名的库项目，使其进入可编辑状态，输入新的名称后按Enter键，即可更改库项目名称。

3. 更新库项目

更新库项目的方法和更新模板的方法类似。修改库项目后执行"工具"|"库"|"更新当前页"命令，将使库项目更新应用于使用库项目的当前文档；执行"工具"|"库"|"更新页面"命令，打开如图8-31所示的"更新页面"对话框进行设置，将更新整个站点或所有使用特定库项目的文档。

图 8-31

4. 删除库项目

删除库项目时，将从库中删除该项目，但不影响已使用该项目的文档。在"资源"面板中选中要删除的库项目，单击面板底部的"删除"按钮或按Delete键即可将其删除。

课堂实战 制作旅行社网页

本章课堂实战练习制作旅行社网页，以综合练习本章的知识点，并熟练掌握和巩固素材的操作。下面将介绍具体的操作步骤。

步骤 01 执行"站点"|"新建站点"命令新建站点"站点-LXSWY"，在"文件"面板中新建index文件，双击打开。执行"插入"|Table命令，插入一个4行1列的表格，如图8-32所示。

步骤 02 移动鼠标指针至第一行单元格中，执行"插入"|Image命令，插入本章素材文件，如图8-33所示。

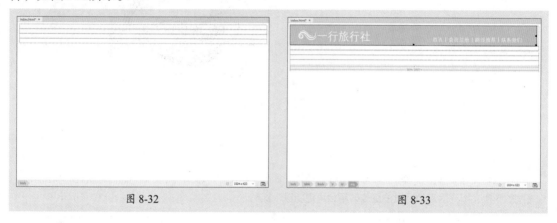

图 8-32　　　　　　　　　　　　　　　　　　图 8-33

步骤 03 使用相同的方法，在第二行单元格中插入图像，如图8-34所示。

步骤 04 在第3行表格中执行"插入"|Table命令，插入一个2行3列的表格，如图8-35所示。

图 8-34　　　　　　　　　　　　　　　　　　图 8-35

步骤 05 选中新插入的第一列单元格，右击鼠标，在弹出的快捷菜单中选择"表格"|"合并单元格"命令，将单元格合并，如图8-36所示。使用相同的方法合并第3列单元格。

步骤 06 在整体表格第四行输入文字，并设置文字属性，效果如图8-37所示。

图 8-36

图 8-37

步骤 07 执行"文件"|"另存为模板"命令，打开"另存模板"对话框，设置参数，如图8-38所示。单击"保存"按钮，在弹出的提示框中单击"是"按钮，即可将文件另存为模板。

步骤 08 选中整体表格第三行中的第一列，执行"插入"|"模板"|"可编辑区域"命令，打开"新建可编辑区域"对话框，在"名称"文本框中输入可编辑区域的名称，如图8-39所示。完成后单击"创建"按钮，即可新建可编辑区域。保存模板文件。

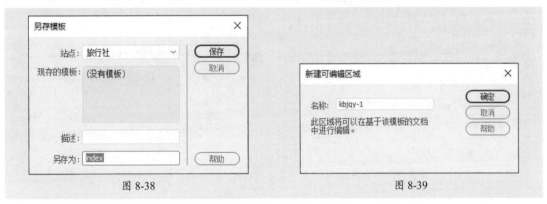

图 8-38   图 8-39

步骤 09 使用相同的方法选中第三行中的其他单元格，创建可编辑区域，如图8-40所示。

步骤 10 执行"文件"|"新建"命令，在打开的"新建文档"对话框中选择"网站模板"选项卡，选择站点中的模板，如图8-41所示。

图 8-40

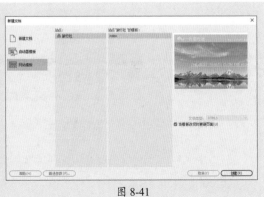

图 8-41

步骤 11 单击"创建"按钮，即可根据模板新建网页文档，如图8-42所示。保存文档。

步骤 12 在可编辑区域的第二列第一行中执行"插入"| Image命令，插入本章素材文件，如图8-43所示。

图 8-42 图 8-43

步骤 13 在可编辑区域的第二列第二行中输入文字，效果如图8-44所示。

步骤 14 选中输入的文字，执行"插入"|"项目列表"命令，效果如图8-45所示。

 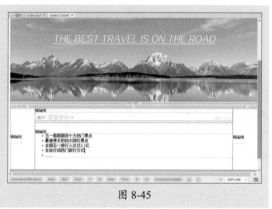

图 8-44 图 8-45

步骤 15 至此完成旅行社网页的制作。按Ctrl+S组合键保存文件。按F12键在浏览器中预览效果，如图8-46所示。

图 8-46

课后练习 制作景区网站模板并应用

下面将综合本章学习的知识制作景区网站模板并应用，如图8-47、图8-48所示。

图 8-47

图 8-48

1. 技术要点

①新建站点和网页文档后制作模板，并创建可编辑区域。

②新建文档并应用模板，在可编辑区域中添加网页内容。

③添加超链接，创建两个网页间的联系。

2. 分步演示

如图8-49所示。

图 8-49

三星堆博物馆

　　三星堆博物馆位于四川省广汉市，是一座现代化的专题性遗址博物馆。三星堆遗址是20世纪人类最伟大的考古发现之一，被誉为"长江文明之源"，其发现将古蜀国的历史推前到5000年前，同时证实古代巴蜀地区和中原文化的联系，证明长江流域存在过不亚于黄河流域的古文明。博物馆首页如图8-50所示。

图 8-50

　　三星堆博物馆作为一个历史博物馆，馆内包括《三星伴月——灿烂的古蜀文明》综合馆和《三星永耀——神秘的青铜王国》青铜器馆两个基本陈列，集中收藏和展示了三星堆遗址及遗址内出土的青铜器、玉石器、金器等珍贵文物，包括被誉为"世界铜像之王"的青铜大立人；全世界已发现的最大的单件青铜文物青铜神树；有"千里眼""顺风耳"之誉的青铜纵目面具等，展现了三星堆灿烂的古蜀文明，如图8-51所示。

图 8-51

第9章

行为技术

内容导读

　　行为可以轻松便捷地实现网页交互功能。本章将对网页设计中的行为进行讲解，包括行为的组成及应用、常用事件；交换图像、打开浏览器窗口、设置文本、跳转菜单等常用行为等。

思维导图

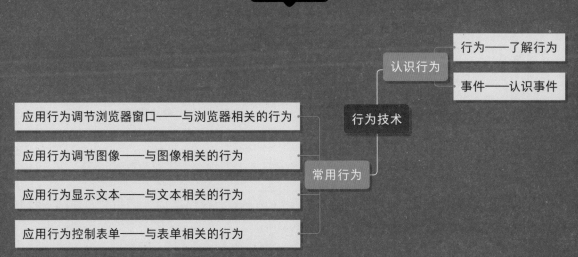

9.1 认识行为

行为是某个事件和由该事件触发的动作的组合，其中事件是浏览器生成的消息，它表示该页的访问者已执行了某种操作，而动作是一段预先编写的JavaScript代码。利用行为可以使网页设计者不用编程就能实现程序动作。本小节将对行为进行介绍。

9.1.1 案例解析：添加网页弹出信息

在学习认识行为之前，可以跟随以下步骤了解并熟悉如何通过"弹出信息"行为添加网页弹出信息。

步骤 01 打开本章素材文件，如图9-1所示。按Ctrl+Shift+S组合键另存文件。

图 9-1

步骤 02 选中导航图像，执行"窗口"|"行为"命令，打开"行为"面板，单击"添加行为"按钮，在弹出的行为菜单中执行"弹出信息"命令，打开"弹出信息"对话框，在"消息"文本框中输入内容，如图9-2所示。

步骤 03 单击"确定"按钮，将行为添加到"行为"面板，如图9-3所示。

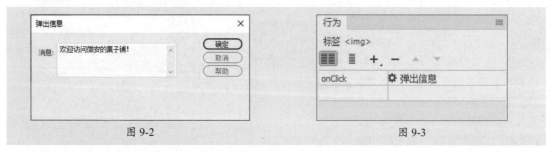

图 9-2   图 9-3

步骤 04 至此完成网页弹出信息的添加。按Ctrl+S组合键保存文件。按F12键在浏览器中预览效果，单击导航页即会弹出信息，如图9-4所示。

图 9-4

9.1.2 行为——了解行为

Dreamweaver中的行为将JavaScript代码放置在文档中，浏览者可以通过多种方式更改Web页或启动某些任务。用户可以通过"行为"面板添加行为或修改行为，执行"窗口"|"行为"命令或按Shift+F4组合键，即可打开"行为"面板，如图9-5所示。

图 9-5

该面板中各选项的作用如下。

- **显示设置事件**▤：单击该按钮将仅显示附加到当前文档中的事件。
- **显示所有事件**▤：单击该按钮将显示属于特定类别的所有事件。
- **添加行为**⊞：单击该按钮打开行为菜单，其中包含可以附加到当前所选元素的动作。当从该菜单中选择一个动作时，将弹出一个对话框，在该对话框中可以指定该动作的各项参数。

- **删除事件** ▭：单击该按钮将在面板中删除所选的事件和动作。
- **增加事件值** ▵、**降低事件值** ▿：用于在面板中上下移动事件的位置。

选中网页文档中的元素，在"行为"面板中单击"添加行为"按钮 ＋，在弹出的行为菜单中执行子命令，打开相应的对话框设置参数后单击"确定"按钮，即可添加行为，此时"行为"面板中将出现添加的行为，如图9-6所示。

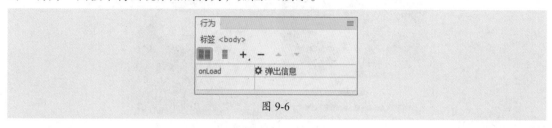

图 9-6

添加完行为后，若想对行为进行更改，可以选中附加行为的对象，在"行为"面板中双击要修改的行为或选中要修改的行为后按Enter键，即可打开相应行为的设置对话框进行更改。

若想删除不需要的行为，可以在"行为"面板中选中要删除的行为，按Delete键或单击"删除事件"按钮 ▭ 将其删除。

9.1.3 事件——认识事件

当网页的浏览者与页面进行交互时，浏览器会生成事件，这些事件用于指定选定的行为动作在何种情况下发生。在Dreamweaver中，可以为整个页面、表格、链接、图像、表单或其他任何HTML元素增加行为，最后由浏览器决定是否执行这些行为。Dreamweaver的"行为"面板中包括以下事件。

- **onBlur**：鼠标指针移动到窗口或框架外侧等非激活状态时发生的事件。
- **onClick**：用鼠标单击选定的要素时发生的事件。
- **onDblClick**：鼠标双击时发生的事件。
- **onError**：加载网页文档的过程中发生错误时发生的事件。
- **onFocus**：移动到窗口或框架中处于激活状态时发生的事件。
- **onKeyDown**：键盘上的某个按键被按下时触发此事件。
- **onKeyPress**：键盘上的某个按键被按下并且释放时触发此事件。
- **onKeyUp**：放开按下的键盘中的指定键时发生的事件。
- **onLoad**：选定的客体显示在浏览器上时发生的事件。
- **onMouseDown**：单击鼠标左键时发生的事件。
- **onMouseMmove**：鼠标指针经过选定的要素上面时发生的事件。
- **onMouseOut**：鼠标指针离开选定的要素上面时发生的事件。
- **onMouseOver**：鼠标指针在选定的要素上面时发生的事件。
- **onMouseUp**：放开按住的鼠标左键时发生的事件。
- **onUnload**：浏览者退出网页文档时发生的事件。

9.2　常用行为

行为可以增加网页的趣味性和交互性，使浏览者获得更好的浏览体验。本小节将对一些常用行为进行讲解。

9.2.1　案例解析：制作交换图像效果

在学习常用行为之前，可以跟随以下步骤了解并熟悉如何通过"交换图像"行为制作交换图像效果。

步骤 01 打开本章素材文件，如图9-7所示。按Ctrl+Shift+S组合键另存文件。

图 9-7

步骤 02 选中"猫宠知识"文字下方左起第一张图像，执行"窗口"|"行为"命令，打开"行为"面板，单击"添加行为"按钮　，在弹出的行为菜单中执行"交换图像"命令。打开"交换图像"对话框，单击"设定原始文档为"文本框右边的"浏览"按钮，打开"选择图像源文件"对话框，选择要交换的文件，如图9-8所示。

步骤 03 单击"确定"按钮，返回到"交换图像"对话框，如图9-9所示。单击"确定"按钮添加行为。

图 9-8　　　　　　　　　　　　　　　　　　图 9-9

步骤 04 使用相同的方法为"猫宠知识"文字下方的其他图像添加"交换图像"行为，如图9-10、图9-11所示。

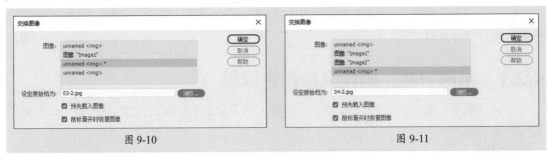

图 9-10   图 9-11

步骤 05 至此完成交换图像效果的制作。按Ctrl+S组合键保存文件。按F12键在浏览器中预览效果，如图9-12、图9-13所示。

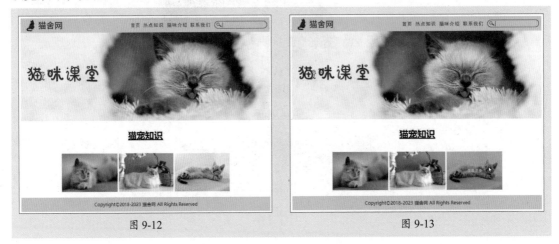

图 9-12   图 9-13

9.2.2　应用行为调节浏览器窗口——与浏览器相关的行为

"行为"面板中的行为其作用各不相同，下面将对与浏览器相关的行为进行介绍。

1. 调用 JavaScript

"调用JavaScript"行为在事件发生时将执行自定义的函数或JavaScript代码行。调用JavaScript动作允许使用"行为"面板指定一个自定义功能，或当发生某个事件时应该执行的一段JavaScript代码。

选中网页文档中的对象，执行"窗口"|"行为"命令打开"行为"面板，单击"添加行为"按钮➕，在弹出的菜单中执行"调用JavaScript"命令，打开"调用JavaScript"对话框，如图9-14所示。在该对话框中输入JavaScript代码后单击"确定"按钮，即可将行为添加至"行为"面板中。

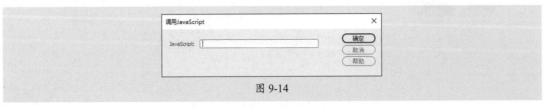

图 9-14

JavaScript语言可以嵌入到HTML中，在客户端执行。它是动态特效网页设计的最佳选择，同时也是浏览器普遍支持的网页脚本语言。JavaScript的出现使得信息和用户之间不仅是一种显示和浏览的关系，也实现了一种实时的、动态的、可交式的表达能力。

2. 转到 URL

"转到URL"行为可在当前窗口或指定的框架中打开一个新页，多用于通过一次单击更改两个或多个框架的内容。

选中网页文档中的对象，单击"行为"面板中的"添加行为"按钮⊞，在弹出的行为菜单中执行"转到URL"命令，打开"转到URL"对话框，如图9-15所示。在该对话框中设置参数后单击"确定"按钮即可。

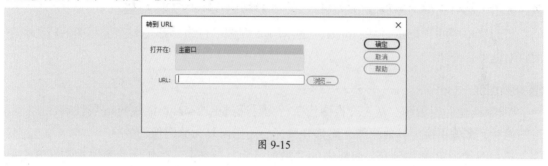

图 9-15

该对话框中各选项的作用如下。

- **打开：** 用于选择打开链接的窗口。
- **URL：** 用于设置要转到的文档的地址或网页地址。

3. 打开浏览器窗口

"打开浏览器窗口"行为可在一个新的窗口中打开页面，用户还可以对新窗口的大小、特性、名称等进行指定。

选中网页文档中的对象，单击"行为"面板中的"添加行为"按钮⊞，在弹出的行为菜单中执行"打开浏览器窗口"命令，打开"打开浏览器窗口"对话框，如图9-16所示。在该对话框中设置参数后单击"确定"按钮即可。

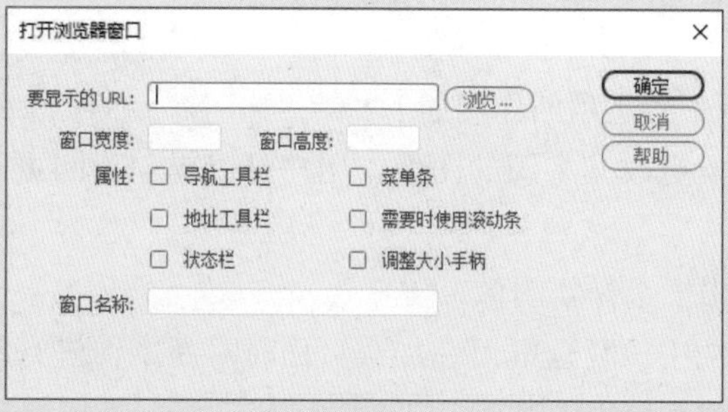

图 9-16

该对话框中部分选项的作用如下。

- **要显示的URL：** 用于设置要显示的网页的地址，属于必选项。
- **窗口宽度：** 用于设置窗口的宽度。
- **窗口高度：** 用于设置窗口的高度。
- **属性：** 设置打开浏览器窗口的一些参数。"导航工具栏"复选框用于设置是否在浏览器顶部包含导航条；"菜单条"复选框用于设置是否包含菜单条；"地址工具栏"复选框用于设置是否在打开浏览器窗口中显示地址栏；"需要时使用滚动条"复选框用于设置如果窗口中的内容超出窗口大小，是否显示滚动条；"状态栏"复选框用于设置是否在浏览器窗口底部显示状态栏；"调整大小手柄"复选框用于设置浏览者是否可以调整窗口大小。
- **窗口名称：** 用于命名当前窗口。

9.2.3　应用行为调节图像——与图像相关的行为

行为菜单中的"交换图像"行为、"预先载入图像"行为等都是与图像相关的行为，下面将对此进行介绍。

1. 交换图像

"交换图像"行为和"恢复交换图像"行为是通过更改<img>标签的src属性实现鼠标经过图像时，图像更换为其他图像，而移开鼠标后图像恢复为原图像的效果。

选中图像，单击"行为"面板中的"添加行为"按钮 ➕，在弹出的菜单中选择"交换图像"命令，打开"交换图像"对话框，如图9-17所示。单击"设定原始档为"文本框右边的"浏览"按钮，在弹出的对话框中选择要交换的文件，单击"确定"按钮，返回到"交换图像"对话框，单击"确定"按钮即可。

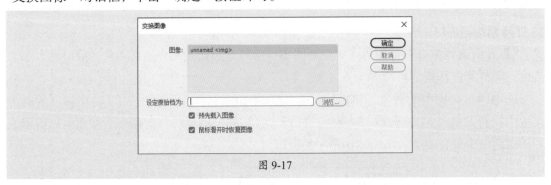

图 9-17

"交换图像"对话框中各选项的作用如下。

- **图像：** 用于选择要更改其来源的图像。用户可以提前为网页中的图像命名，以便于区分。
- **设定原始档为：** 用于选择新图像。
- **预先载入图像：** 选中该复选框可在加载页面时对新图像进行缓存，以防止当图像应该出现时由于下载而导致延迟。
- **鼠标滑开时恢复图像：** 选中该复选框后，将在"行为"面板中自动出现"恢复交换图像"行为。

2. 预先载入图像

"预先载入图像"行为可在加载页面时对新图像进行缓存，以避免当图像应该出现时由于下载而导致延迟。

选中网页文档中的对象，单击"行为"面板中的"添加行为"按钮 ，在弹出的行为菜单中执行"预先载入图像"命令，打开"预先载入图像"对话框，设置参数，如图9-18所示。完成后单击"确定"按钮即可。

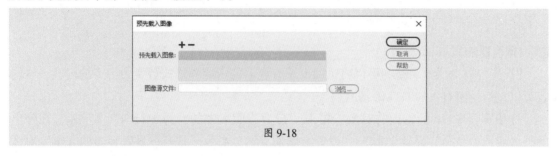

图 9-18

该对话框中各选项的作用如下。

- **添加项 和删除项** ：用于在"预先载入图像"列表中添加或删除项。
- **预先载入图像**：用于选择和显示需要预先载入的图像列表。
- **图像源文件**：用于选择要预先载入的图像源文件。

9.2.4 应用行为显示文本——与文本相关的行为

"弹出信息""状态栏文本""文本域文本"等行为可用于添加文本特效。下面将对这些行为进行介绍。

1. 弹出信息

"弹出信息"行为可以在特定的事件被触发时弹出一个包含指定消息的JavaScript警告，以醒目地展示提示信息。

选中网页文档中的对象，单击"行为"面板中的"添加行为"按钮 ，在弹出的行为菜单中执行"弹出信息"命令，打开"弹出信息"对话框，在"消息"文本框中输入内容，如图9-19所示。完成后单击"确定"按钮，即可将行为添加到"行为"面板。

图 9-19

2. 设置状态栏文本

"设置状态栏文本"行为可以设置浏览器窗口左下角处的状态栏中显示的消息。

选中网页文档中的对象，单击"行为"面板中的"添加行为"按钮 ，在弹出的行为菜单中执行"设置文本"|"设置状态栏文本"命令，打开"设置状态栏文本"对话框，如

图9-20所示。在"消息"文本框中输入要在状态栏中显示的文本，然后单击"确定"按钮即可。

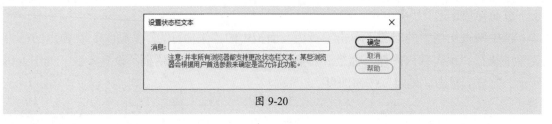

图 9-20

3. 设置容器的文本

"设置容器的文本"行为可以将页面上现有容器的内容和格式替换为指定的内容，该内容可以包括任何有效的 HTML 源代码。

选中页面中Div标签内的对象，单击"行为"面板中的"添加行为"按钮➕，在弹出的行为菜单中执行"设置文本"|"设置容器的文本"命令，打开"设置容器的文本"对话框，如图9-21所示。在该对话框中设置参数后单击"确定"按钮即可。

图 9-21

该对话框中各选项的作用如下。

● **容器：** 用于选择目标元素。

● **新建HTML：** 用于输入新的文本或HTML。

4. 设置文本域文字

"设置文本域文字"行为可以将表单文本域中的内容替换为指定的内容。用户可以在文本中嵌入所有有效的JavaScript函数调用、属性、全局变量或其他表达式。

选中页面中的文本域对象，单击"行为"面板中的"添加行为"按钮➕，在弹出的行为菜单中执行"设置文本"|"设置文本域文字"命令，打开"设置文本域文字"对话框，如图9-22所示。在该对话框中设置参数后单击"确定"按钮即可。

图 9-22

该对话框中各选项的作用如下。

● **文本域：** 用于选择目标文本域。

● **新建文本：** 用于输入要替换的文本或相应的代码。

9.2.5　应用行为控制表单——与表单相关的行为

"跳转菜单""检查表单"等行为是应用于表单的行为，下面将对此进行介绍。

1. 跳转菜单

"跳转菜单"行为可以编辑和重新排列菜单项、更改要跳转到的文件，还可以更改这些文件的打开窗口。

执行"插入"|"表单"|"选择"命令，插入选择文本框，选中该文本框，单击"行为"面板中的"添加行为"按钮➕，在弹出的行为菜单中执行"跳转菜单"命令，打开"跳转菜单"对话框，如图9-23所示。

图 9-23

该对话框中部分选项的作用如下。

● **添加项➕和删除项➖**：用于在"菜单项"列表中添加或删除项。

● **在列表中下移项▽和在列表中上移项△**：用于调整项的顺序。

● **菜单项**：用于显示与选择菜单项。

● **文本**：用于设置当前菜单项的显示文字。

● **选择时，转到URL**：用于为当前菜单项设置网页地址。

● **打开URL于**：用于设置打开网页的窗口。

2. 检查表单

"检查表单"行为可检查指定文本域的内容以确保用户输入的数据类型正确，防止在提交表单时出现无效数据。

选中表单元素后单击"行为"面板中的"添加行为"按钮➕，在弹出的行为菜单中执行"检查表单"命令，打开"检查表单"对话框，如图9-24所示。

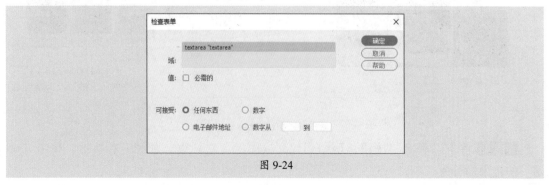

图 9-24

该对话框中各选项的作用如下。

- **域：** 用于选择表单内要检查的对象。
- **值：** 用于设置要检查的对象的值是否必须设置。
- **可接受：** 用于设置要检查的对象允许接受的值，包括"任何东西""数字""电子邮件地址"和"数字从……到……"四个选项。

课堂实战 提高网页交互性

本章课堂实战练习提高网页交互性，以综合练习本章的知识点，并熟练掌握和巩固素材的操作。下面将介绍具体的操作步骤。

步骤 01 打开本章素材文件，如图9-25所示。按Ctrl+Shift+S组合键另存文件。

步骤 02 选中主图，执行"窗口"|"行为"命令打开"行为"面板，单击"添加行为"按钮◆，在弹出的行为菜单中执行"交换图像"命令，打开"交换图像"对话框。单击"设定原始档为"文本框右边的"浏览"按钮，打开"选择图像源文件"对话框，选择要交换的文件，如图9-26所示。

图 9-25　　　　　　　　　　　　　图 9-26

步骤 03 单击"确定"按钮，返回到"交换图像"对话框，如图9-27所示，单击"确定"按钮添加行为。

步骤 04 继续选中主图，执行"窗口"|"行为"命令，打开"行为"面板，单击"添加行为"按钮■，在弹出的行为菜单中执行"弹出信息"命令，打开"弹出信息"对话框，在"消息"文本框中输入内容，如图9-28所示。单击"确定"按钮添加行为。

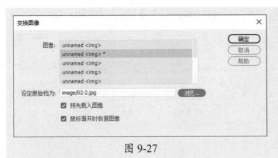

图 9-27

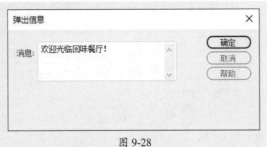

图 9-28

步骤 05 选中下方的"新品推荐"文字，在"属性"面板中设置其ID为TJ。选择最上方图像，在"属性"面板中单击"矩形热点工具"□，在图像中框选"新品推荐"文字，创建图像热点，如图9-29所示。

步骤 06 在"属性"面板的"链接"文本框中输入设置的ID创建锚点链接，如图9-30所示。

图 9-29

图 9-30

步骤 07 选中"新品推荐"文字下方第一个图像，为其添加"交换图像"行为，如图9-31所示。

步骤 08 使用相同的方法为"新品推荐"文字下方的其他图像添加"交换图像"行为，完成后如图9-32所示。

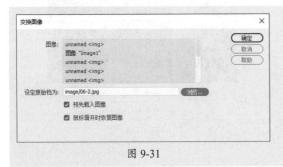

图 9-31

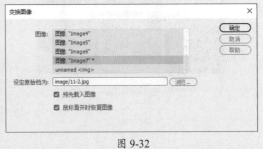

图 9-32

步骤 09 选择"优质食材"文字下方第一个图像，单击"行为"面板中的"添加行为"按钮➕，在弹出的行为菜单中执行"打开浏览器窗口"命令，打开"打开浏览器窗口"对话框，设置参数，如图9-33所示。单击"确定"按钮即可添加行为。

步骤 10 使用相同的方法为另外两张图添加"打开浏览器窗口"行为，如图9-34所示。

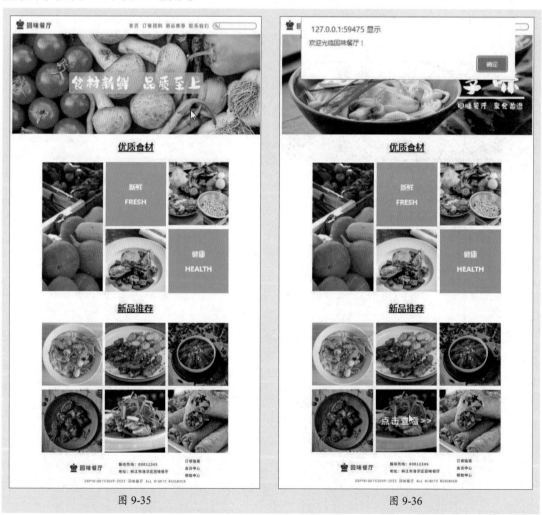

图 9-33　　　　　　　　　　　　　　　　　　图 9-34

步骤 11 至此完成网页交互性的提高。按Ctrl+S组合键保存文件。按F12键在浏览器中预览效果，如图9-35、图9-36所示。

图 9-35　　　　　　　　　　　　　　　　　　图 9-36

课后练习 | 制作室内设计网页

下面将综合本章学习的知识制作室内设计网页，如图9-37、图9-38所示。

图 9-37　图 9-38

① 技术要点

①新建站点与网页文档，通过表格制作网页。

②通过添加行为增添网页交互性。

2. 分步演示 ————————————————————————————————————⊙

如图9-39所示。

图 9-39

甘肃省博物馆

甘肃省博物馆位于甘肃省兰州市，是一家智能化综合性博物馆，具备拍照识别、全馆陈列展览、3D模型线上查看等智能化游览功能，馆内还包括甘肃佛教艺术展、甘肃彩陶展、甘肃古生物化石展、甘肃丝绸之路文明展等虚拟场馆基本陈列。博物馆首页如图9-40所示。

图 9-40

甘肃省博物馆内收藏了甘肃从远古时期到近现代的珍贵文化遗存，其中以馆藏彩陶、汉代简牍、文书、汉唐丝绸之路珍品、佛教艺术萃宝最为突出，耳熟能详的铜奔马就陈列于甘肃省博物馆，如图9-41所示。

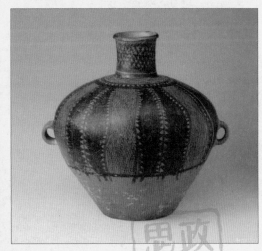

图 9-41

第**10**章

网页编辑利器
之HTML5

内容导读

　　HTML是最基本的网页标记语言。随着HTML5的出现，Web进入了更加成熟的应用平台。本章将对HTML的相关知识进行讲解，包括HTML的概念、基本结构；HTML的基本标签及网页样式设置等。

思维导图

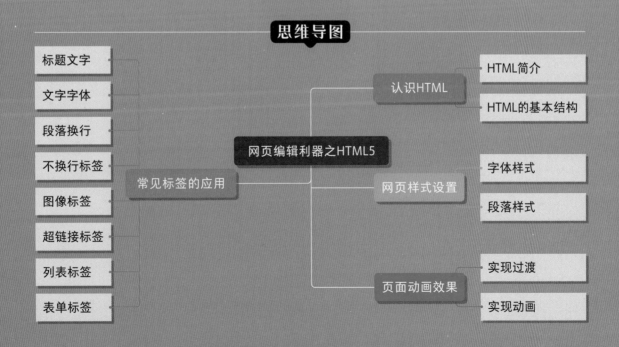

标题文字

文字字体

段落换行

不换行标签

图像标签　　常见标签的应用

超链接标签

列表标签

表单标签

网页编辑利器之HTML5

认识HTML　　HTML简介

HTML的基本结构

网页样式设置　　字体样式

段落样式

页面动画效果　　实现过渡

实现动画

10.1 认识HTML

HTML的全称为hyper text markup language，中文名称为超文本标记语言，是目前因特网上用于编写网页的主要语言。标记语言是由一套标记标签组成的。本小节将对HTML的相关知识进行讲解。

10.1.1 HTML简介

HTML并不是一种程序设计语言，只是一种排版网页中资料显示位置的标记结构语言。通过在网页文件中添加标记符，可以告诉浏览器如何显示其中的内容。

HTML文件是一种可以用任何文本编辑器创建的ASCII码文档。常见的文本编辑器包括记事本、写字板等，这些文本编辑器都可以编写HTML文件，在保存时以.htm或.html作为文件扩展名保存即可。当使用浏览器打开这些文件时，浏览器将对其进行解释，浏览者就可以从浏览器窗口中看到页面内容。

之所以称HTML为超文本标记语言，是因为文本中包含了所谓的"超级链接"点。这也是HTML获得广泛应用的最重要的原因之一。浏览器按顺序阅读网页文件，然后根据标记符解释和显示其标记的内容，对书写出错的标记将不指出其错误，且不停止其解释执行过程，编制者只能通过显示效果来分析出错原因和出错部位。但需要注意的是，不同的浏览器对同一标记符可能会有不完全相同的解释，因而可能会有不同的显示效果。

10.1.2 HTML的基本结构

HTML文件一般都有一个基本的整体结构，标记一般都是成对出现，即超文本标记语言文件的开头与结尾标志和超文本标记语言的头部与实体两大部分。下面将对此进行介绍。

1. HTML 的基本结构

基本的HTML结构如下。

```
<html>
<head>
<title>放置文章标题</title>
<meta http-equiv="Content-Type" content="text/html; charset=gb2312" />//这里的网页编码现在是
gb2312
<meta name="keywords" content="关键字" />
<meta name="description" content="本页描述或关键字描述" />
</head>
<body>
正文内容
</body>
</html>
```

无论是HTML还是其他后缀的动态页面，其HTML语言结构都是这样的，只是在命名网页文件时以不同的后缀结尾。用户也可以在基本结构中添加更多的样式和内容充实网页。

HTML结构主要有以下四点。

- 无论是动态页面还是静态页面都是以<html>开始，以</html>结尾。
- <html>后接着是<head>页头，其在<head></head>中的内容是在浏览器中内容无法显示的，这里是给服务器、浏览器、链接外部JS、a链接CSS样式等区域，而里面<title></title>中放置的是网页标题。
- 接着<meta name="keywords" content="关键字" /><meta name="description" content="本页描述或关键字描述" />这两个标签中的内容主要是展示给搜索引擎，说明本页关键字及本张网页的主要内容等。
- 之后是正文<body></body>，也就是常说的body区，这里放置的内容可以通过浏览器呈现给用户，其内容可以是table表格布局格式内容，也可以是Div布局的内容或直接是文字。这里也是网页最主要的区域。

2. 开始标签 <html>

<html>与</html>标签限定了文档的开始点和结束点，在它们之间是文档的头部和主体。其语法描述如下。

```
<html>…</html>
```

3. 头部标签 <head>

<head>标签用于定义文档的头部，它是所有头部元素的容器。<head>中的元素可以引用脚本、指示浏览器在哪里找到样式表、提供元信息等。文档的头部描述了文档的各种属性和信息，包括文档的标题、在Web中的位置以及和其他文档的关系等。绝大多数文档头部包含的数据都不会真正作为内容显示给读者。

其语法描述如下。

```
<head>…</head>
```

4. 标题标签 <title>

<title>标签可定义文档的标题，是head部分中唯一必需的元素。浏览器会以特殊的方式来使用标题，并且通常把它放置在浏览器窗口的标题栏或状态栏上。当把文档加入用户的链接列表或者收藏夹或书签列表时，标题将成为该文档链接的默认名称。

其语法描述如下。

```
<title>…</title>
```

5. 主体标签 <body>

<body>标签定义文档的主体，包含文档的所有内容，比如文本、超链接、图像、表格和列表等。

其语法描述如下。

```
<body>…</body>
```

6. 元信息标签 <meta>

<meta>标签可提供有关页面的元信息（meta-information），比如针对搜索引擎和更新频度的描述和关键词。<meta>标签位于文档的头部，不包含任何内容。<meta>标签的属性定义了与文档相关联的名称/值对。

<meta>标签永远位于head元素内部。name属性提供了名称/值对中的名称。

其语法说明如下。

```
<meta name="description/keywords" content="页面的说明或关键字"/>
```

7. <!DOCTYPE> 标签

<!DOCTYPE>声明必须是HTML文档的第一行，位于<html>标签之前。<!DOCTYPE>声明不是HTML标签，它是指示Web浏览器关于页面使用哪个HTML版本进行编写的指令。

<!DOCTYPE>声明没有结束标签，且不限制大小写。

10.2　常见标签的应用

标签是HTML最重要的组成部分，常见的标签包括文本标签、图像标签、表单标签等。本小节将针对一些常见的HTML基本标签进行介绍。

10.2.1　案例解析：在网页中添加文本

在学习标签的应用之前，可以跟随以下步骤了解并熟悉，通过<h></h>等输入文字。制作完成后运行效果如图10-1所示。

图 10-1

代码如下。

```
<!doctype html>
<html>
<head>
<meta http-equiv="Content-Type" content="text/html; charset=utf-8" />
<title>唐诗</title>
</head>
<body>
<h2 align="center">春夜洛城闻笛</h2>
<h4 align="center">李白</h4>
<p align="center">
```

```
<font face="楷体">谁家玉笛暗飞声，散入春风满洛城。</font>
<font face="楷体">此夜曲中闻折柳，何人不起故园情。</font>
</p>
</body>
</html>
```

10.2.2　标题文字

HTML中设置文章标题的标签为<h></h>。其语法描述如下。

```
<h1>…</h1>
```

标题标签<h1> 到 <h6>标签可定义标题，<h1>定义最大的标题，<h6>定义最小的标题。如下所示为<h1>到<h6>的标签用法示例代码。

```
<html>
<head>
<title>标题标签</title>
</head>
<body>
<h1>迟日江山丽，春风花草香。</h1>
<h2>迟日江山丽，春风花草香。</h2>
<h3>迟日江山丽，春风花草香。</h3>
<h4>迟日江山丽，春风花草香。</h4>
<h5>迟日江山丽，春风花草香。</h5>
<h6>迟日江山丽，春风花草香。</h6>
</body>
</html>
```

代码的运行效果如图10-2所示。

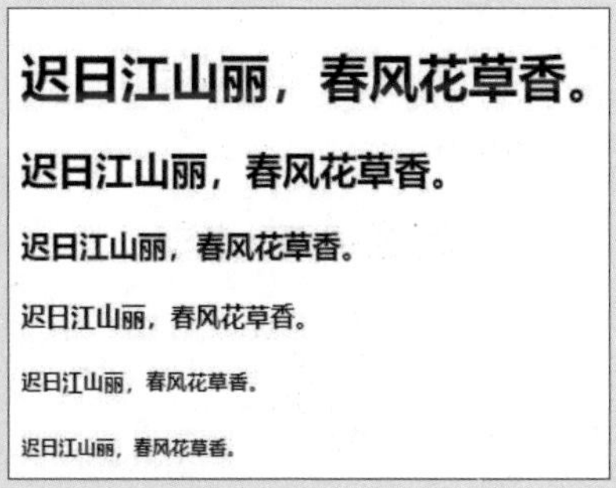

图 10-2

操作提示

若单纯地想加粗文字，可使用<b>标签。

10.2.3　文字字体

face属性用于设置文字的不同字体效果。若浏览器中没有安装相应字体，设置的效果将会被浏览器中的通用字体替代。其语法描述如下。

```
<font face="字体名称">文本内容</font>
```

10.2.4　段落换行

换行标签
可以设置一段很长的文字换行，以便于浏览和阅读。若想从文字的后面换行，可以在想要换行的文字后面添加
标签。其语法描述如下。

```
<br>
```


标签的示例代码如下。

```
<!doctype html>
<html>
<head>
<meta http-equiv="Content-Type" content="text/html; charset=utf-8" />
<title>换行标签</title>
</head>
<body>
<h2 align="center">诗经•小雅•出车</h2>
<p align="center">春日迟迟，卉木萋萋。仓庚喈喈，采蘩祁祁。</p>
<h2 align="center">诗经•小雅•出车</h2>
<p align="center">春日迟迟，<br>卉木萋萋。<br>仓庚喈喈，<br>采蘩祁祁。</p>
</body>
</html>
```

代码的运行效果如图10-3所示。

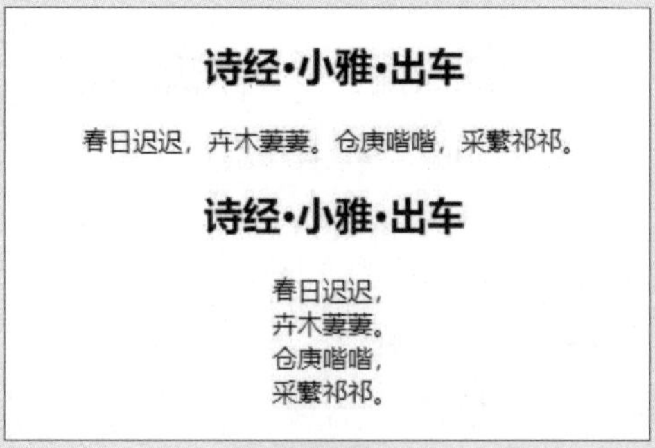

诗经•小雅•出车

春日迟迟，卉木萋萋。仓庚喈喈，采蘩祁祁。

诗经•小雅•出车

春日迟迟，
卉木萋萋。
仓庚喈喈，
采蘩祁祁。

图 10-3

10.2.5　不换行标签

<nobr>标签可以帮助用户解决浏览器的限制，避免自动换行。其语法描述如下。

```
<nobr>不需换行文字</nobr>
```

10.2.6　图像标签

除了通过命令插入图像外，用户也可以直接插入图片的标签<img>。其语法描述如下。

```
<img src="图片文件地址">
```

操作提示

图片文件地址需根据自己素材存放位置及名称进行调整。

10.2.7　超链接标签

除了"插入"命令外，用户还可以通过在"代码"视图中输入代码创建超链接。所谓的超链接是指从一个网页指向一个目标的连接关系。下面将针对超链接标签进行介绍。

1. 页面链接

在HTML中创建超链接需要使用<a>标记，具体格式如下。

```
<a href="URL" target="_blank">链接</a>
```

href属性控制链接到的文件地址，target属性控制目标窗口，target=blank表示在新窗口打开链接文件，如果不设置target 属性则表示在原窗口打开链接文件。在<a>和</a>之间可以用任何可单击的对象作为超链接的源，如文字或图像。

常见的超链接是指向其他网页的超链接。如果超链接的目标网页位于同一站点，则可以使用相对URL；如果超链接的目标网页位于其他位置，则需要指定绝对URL。创建超链接的方式如下所示。

```
<a href=" http://www.dssf007.com/" >德胜书坊</a>
<a href="test2.htm" >网页test2</a>
```

2. 锚记链接

建立锚记链接，可以对同一网页的不同部分进行链接。设置锚记链接时，主要先命名页面中要跳转到的位置。命名时使用<a>标记的name属性，此处<a>与</a>之间可以包含内容，也可以不包含内容。

如在页面开始处用以下语句进行标记。

```
<a name="top" >顶部</a>
```

对页面进行标记后，可以用<a>标记设置指向这些标记位置的超链接。若在页面开始处标记了"top"，则可以用以下语句进行链接。

```
<a href="#top" >返回顶部</a>
```

这样设置后用户在浏览器中单击文字"返回顶部"时，将显示"顶部"文字所在的页面部分。需要注意的是，应用锚记链接要将其href的值指定为"#锚记名称"。若将其href的值指定为一个单独的#，则表示空链接，不做任何跳转。

3. 电子邮件链接

若将href属性的取值指定为"mailto:电子邮件地址"，则可以获得指向电子邮件的超链接。设置电子邮件超链接的HTML代码如下。

```
<a href=" mailto:15-333333@126.com" >12-00000</a>
```

当浏览用户点击该超链接后，系统将自动启动邮件客户程序，并将指定的邮件地址填写到"收件人"栏中，用户可以编辑并发送邮件。

10.2.8　列表标签

列表分为有序列表和无序列表两种。有序列表是指带有序号标志（如数字）的列表。无序列表是指没有序号标志的列表。下面将对这两种列表进行介绍。

1. 有序列表

有序列表的标签是<ol>，其列表项标签是<li>。其语法描述如下。

```
<ol type="序号类型">
  <li>列表项1 </li>
  <li>列表项1 </li>
  <li>列表项1 </li>
</ol>
```

type属性可取的值有以下五种。
- 1：序号为数字。
- A：序号为大写英文字母。
- a：序号为小写英文字母。
- I：序号为大写罗马字母。
- i：序号为小写罗马字母。

如下所示为有序列表的示例代码。

```
<!doctype html>
<html>
<head>
<meta http-equiv="Content-Type" content="text/html; charset=utf-8" />
<title>有序列表 </title>
</head>
<body>
<font size="+3" color="#FC9725" >季节：</font><br/><br/>
<ol type="A">
```

```
<li>春</li>
<li>夏</li>
<li>秋</li>
<li>冬</li>
</ol>
<font size="+3" color="#7CCD50">季节：</font><br/><br/>
<ol type="i" >
<li>春</li>
<li>夏</li>
<li>秋</li>
<li>冬</li>
</ol>
</body>
</html>
```

代码的运行效果如图10-4所示。

图 10-4

2. 无序列表

无序列表的标签是<ul>，其列表项标签是<li>。其语法描述如下。

```
<ul type="符号类型">
  <li>列表项1 </li>
  <li>列表项1 </li>
  <li>列表项1 </li>
</ul>
```

type属性控制的是列表在排序时所使用的字符类型，可取的值有以下三种。

● disc：符号为实心圆。

● circle：符号为空心圆。

● square：符号为实心方点。

如下所示为有序列表的示例代码。

```
<!doctype html>
<html>
<head>
<meta http-equiv="Content-Type" content="text/html; charset=utf-8" />
<title>无序列表</title>
</head>
<body>
<font size="+3" color="#1AD7C8">季节：</font><br/><br/>
<ul>
<li type="circle">春</li>
<li type="square">夏</li>
<li type=" disc ">秋</li>
<li>冬</li>
</ul>
</body>
</html>
```

代码的运行效果如图10-5所示。

图 10-5

10.2.9　表单标签

使用表单可以增加网站与用户之间的互动，实现更多的功能，如登录网站、注册账户等。表单是由<form>标签定义的。<form>标签声明表单，定义了采集数据的范围，也就是<form></form>里面包含的数据将被提交到服务器。表单的元素很多，包括常用的输入框、文本框、单选按钮、复选框和按钮等。大多的表单元素都由<input>标签定义，表单的构造方法则由type属性声明，但下拉菜单和多行文本框这两个表单元素除外。常用的表单元素有下面六种。

- 文本框：用于接受任何类型的文本的输入。文本框的标签为<input>，其type属性为text。
- 复选框：用于选择数据，它允许在一组选项中选择多个选项。复选框的标签也是<input>，它的type属性为checkbox。
- 单选按钮：用于选择数据，不过在一组选项中只能选择一个选项。单选按钮的标签是<input>，它的type属性为radio。
- 提交按钮：单击该按钮后将把表单内容提交到服务器。提交按钮的标签是<input>，它的type属性为submit。除了提交按钮，预定义的还有重置按钮。另外还可以自定义按钮的其他功能。

- 多行文本框：可以创建一个对数据的量没有限制的文本框。多行文本框的标签是 <textarea>。通过rows属性和cols属性定义多行文本框的宽和高，当输入内容超过其范围时，该元素可以自动出现一个滚动条。
- 下拉菜单：在一个滚动列表中显示选项值，用户可以从滚动列表中选择选项。下拉菜单的标签是<select>，它的选项内容用<option>标记定义。

10.3 网页样式设置

在Dreamweaver中用户可以通过"CSS设计器"面板、CSS规则定义对话框等设置网页样式，除此之外还可以直接在"代码"视图中通过HTML进行设置。本小节将对此进行介绍。

10.3.1 案例解析：段落缩进效果

在学习网页样式设置之前，可以跟随以下步骤了解并熟悉，通过text-indent属性制作段落缩进效果。制作完成后运行效果如图10-6所示。

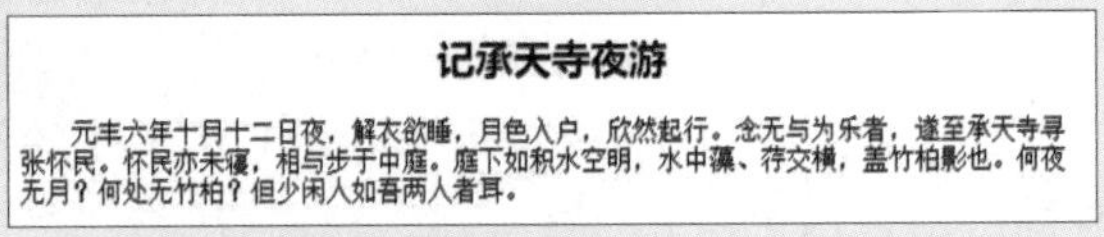

图 10-6

代码如下。

```html
<!DOCTYPE html>
<html lang="en">
<head>
<meta charset="UTF-8">
<title>Document</title>
<style>
p{
    text-indent: 2em;font-family: "宋体"
}
</style>
</head>
<body>
<h2 align="center">记承天寺夜游</h2>
<p>元丰六年十月十二日夜，解衣欲睡，月色入户，欣然起行。念无与为乐者，遂至承天寺寻张怀民。怀民亦未寝，相与步于中庭。庭下如积水空明，水中藻、荇交横，盖竹柏影也。何夜无月？何处无竹柏？但少闲人如吾两人者耳。</p>
</body>
</html>
```

10.3.2 字体样式

网页中包含了大量的文字信息，所有的文字构成的网页元素都是网页文本。本小节将对字体样式的相关属性进行讲解。

1. 字体 font-family

font-family属性用于设置文本的字体系列。该属性可设置多个字体名称作为一种"后备"机制，如果浏览器不支持第一种字体，它将尝试下一种字体。注意：如果字体系列的名称超过一个字，必须用引号，如font family："宋体"。

多个字体系列是用一个逗号分隔指明。

```
p{font-family:"Times New Roman", Times, serif;}
```

2. 字号 font-size

该属性用于设置元素的字体大小。注意，实际上它设置的是字体中字符框的高度，实际的字符字形可能比这些框高或矮（通常会矮）。

各关键字对应的字体必须比一个最小关键字相应字体要高，并且要小于下一个最大关键字对应的字体。用户可以在网页中随意地设置字体大小，例如：

```
<p>检测文字大小！</p>
p{font-size: 20px;}
```

font-size属性值的常用单位有以下五种。
- **像素（px）**：根据显示器的分辨率来设置大小，Web应用中常用此单位。
- **点数（pt）**：根据Windows系统定义的字号大小来确定，pt就是point，是印刷行业常用的单位。
- **英寸（in）、厘米（cm）和毫米（mm）**：根据实际的大小来确定。此类单位不会因为显示器的分辨率改变而改变。
- **倍数（em）**：表示当前文本的大小。
- **百分比（%）**：是以当前文本的百分比定义大小。

3. 字重 font-weight

该属性用于设置显示元素的文本中所用的字体加粗。数字值400相当于关键字normal，700等价于bold。每个数字值对应的字体加粗必须至少与下一个最小数字一样细，而且至少与下一个最大数字一样粗。

该属性的值可分为两种写法。
- 由100～900的数值组成，但是我们不能写成856，只能写整百的数字。
- 可以是关键字：normal（默认值）、bold（加粗）、bolder（更粗）、lighter（更细）、inherit（继承父级）。

4. 文本转换 text-transform

我们在网页中编写文本时经常遇到一些英文段落，而写英文时一般不会注意一些大小写的变换，这样就会造成不太友好的阅读体验。text-transform属性就能很好地为我们解决这个问题。

这个属性会改变元素中的字母大小写，而不论源文档中文本的大小写。如果值为capitalize，则要对某些字母大写，但是并没有明确定义如何确定哪些字母要大写，这取决于用户代理如何识别出各个"词"。

Text-transform属性的值可以是以下五种。

- **none**：默认值。定义带有小写字母和大写字母的标准的文本。
- **capitalize**：文本中的每个单词以大写字母开头。
- **uppercase**：定义仅有大写字母。
- **lowercase**：定义无大写字母，仅有小写字母。
- **inherit**：规定应该从父元素继承 text-transform 属性的值。

5. 字体风格 font-style

该属性用于设置使用斜体、倾斜或正常字体。斜体字体通常定义为字体系列中的一个单独的字体。从理论上讲，用户代理可以根据正常字体计算一个斜体字体。

font-style属性的值可以是以下四种。

- **normal**：默认值。浏览器显示一个标准的字体样式。
- **italic**：浏览器会显示一个斜体的字体样式。
- **oblique**：浏览器会显示一个倾斜的字体样式。
- **inherit**：规定应该从父元素继承字体样式。

6. 字体颜色 color

color属性用于规定文本的颜色。该属性设置了一个元素的前景色（在 HTML 表现中，就是元素文本的颜色）；这个颜色还会应用到元素的所有边框，但是和border-color属性颜色冲突时会被 border-color 或另外某个边框颜色属性覆盖。

要设置一个元素的前景色，最简单的方法是使用 color 属性。

color属性的值可以是以下四种。

- **color_name**：规定颜色值为颜色名称的颜色（比如 red）。
- **hex_number**：规定颜色值为十六进制值的颜色（比如 #ff0000）。
- **rgb_number**：规定颜色值为 rgb 代码的颜色（比如 rgb(255,0,0)）。
- **inherit**：规定应该从父元素继承颜色。

7. 文本修饰 text-decoration

这个属性允许对文本设置某种效果，如加下画线。如果后代元素没有自己的装饰，祖先元素上设置的装饰会"延伸"到后代元素中。不要求用户代理支持 blink。

text-decoration的值可以是以下六种。

- **none**：默认值。定义标准的文本。
- **underline**：定义文本下的一条线。
- **overline**：定义文本上的一条线。
- **line-through**：定义穿过文本下的一条线。

- **blink：**定义闪烁的文本。
- **inherit：**规定应该从父元素继承 text-decoration 属性的值。

8. 简写 font

这个属性用于一次设置元素字体的两个或更多方面。使用 icon 等关键字可以适当地设置元素的字体，使之与用户计算机环境中的某个方面一致。注意，如果没有使用这些关键词，至少要指定字体大小和字体系列。

可以按顺序设置如下属性。

- font-style。
- font-variant。
- font-weight。
- font-size/line-height。
- font-family。

可以不设置其中的某个值，比如 font:100% verdana; 也是允许的。未设置的属性会使用其默认值。

10.3.3　段落样式

段落样式可以控制页面中文本段落的美观性。下面将对此进行介绍。

1. 字符间隔 letter-spacing

letter-spacing属性可以增加或减少字符间的空白（字符间距）。该属性定义在文本字符框之间插入多少空间。由于字符字形通常比其字符框要窄，指定长度值时，会调整字母之间通常的间隔。因此，normal 就相当于值为 0。

操作提示

该属性允许使用负值，这会让字母之间挤得更紧。

letter-spacing属性的值可以是以下三种。

- **normal：**默认值。规定字符间没有额外的空间。
- **length：**定义字符间的固定空间（允许使用负值）。
- **inherit：**规定应该从父元素继承 letter-spacing 属性的值。

2. 单词间隔 word-spacing

word-spacing 属性可以增加或减少单词间的空白（即字间隔）。该属性定义元素中字之间插入多少空白符。针对这个属性，"字"定义为由空白符包围的一个字符串。如果指定为长度值，会调整字之间的通常间隔；所以，normal 就等同于设置为 0。允许指定负长度值，这会让字之间挤得更紧。这里需要注意的是，允许使用负值。

word-spacing的值可以是以下三种。

- **normal：**默认值。定义单词间的标准空间。

- **length：** 定义单词间的固定空间。
- **inherit：** 规定应该从父元素继承 word-spacing 属性的值。

3. 段落缩进 text-indent

text-indent属性用于规定文本块中首行文本的缩进。

该属性允许使用负值。如果使用负值，那么首行会被缩进到左边。

段落缩进用于定义块级元素中第一个内容行的缩进。这最常用于建立一个"标签页"效果。允许指定负值，这会产生一种"悬挂缩进"的效果。

Text-indent的值可以是以下三种。

- **Length：** 定义固定的缩进，默认值为0。
- **%：** 定义基于父元素宽度的百分比的缩进。
- **Inherit：** 规定应该从父元素继承 text-indent 属性的值。

4. 横向对齐方式 text-align

text-align属性用于规定元素中文本的水平对齐方式。该属性通过指定行框与哪个点对齐，从而设置块级元素内文本的水平对齐方式。通过允许用户代理调整行内容中字母和字之间的间隔，可以支持值 justify。不同用户代理可能会得到不同的结果。

text-align属性的值可以是以下五种。

- **Left：** 把文本排列到左边。默认值：由浏览器决定。
- **Right：** 把文本排列到右边。
- **Center：** 把文本排列到中间。
- **Justify：** 实现两端对齐文本效果。
- **Inherit：** 规定应该从父元素继承 text-align 属性的值。

5. 纵向对齐方式 vertical-align

vertical-align属性用于设置元素的垂直对齐方式。该属性定义行内元素的基线相对于该元素所在行的基线的垂直对齐。需要注意的是，允许指定负长度值和百分比值。这会使元素降低而不是升高。在表单元格中，这个属性会设置单元格中内容的对齐方式。

vertical-align属性的值可以是以下10种。

- **Baseline：** 元素放置在父元素的基线上。
- **sub：** 垂直对齐文本的下标。
- **super：** 垂直对齐文本的上标。
- **top：** 把元素的顶端与行中最高元素的顶端对齐。
- **text-top：** 把元素的顶端与父元素字体的顶端对齐。
- **middle：** 把此元素放置在父元素的中部。
- **bottom：** 把元素的顶端与行中最低的元素的顶端对齐。
- **text-bottom：** 把元素的底端与父元素字体的底端对齐。

- **length**：使用line-height属性的百分比值来排列此元素。允许使用负值。
- **inherit**：规定应该从父元素继承 vertical-align 属性的值。

6. 文本行间距 line-height

line-height属性用于设置行间的距离（行高）。该属性会影响行框的布局。在应用到一个块级元素时，它定义了该元素中基线之间的最小距离而不是最大距离。

该属性不允许使用负值。

line-height与font-size的计算值之差（在 CSS 中成为"行间距"）分为两半，分别加到一个文本行内容的顶部和底部。可以包含这些内容的最小框就是行框。

原始数字值指定了一个缩放因子，后代元素会继承这个缩放因子而不是计算值。

line-height属性的值可以是以下五种。

- **normal**：设置合理的行间距。
- **number**：设置数字，此数字会与当前的字体尺寸相乘来设置行间距。
- **length**：设置固定的行间距。
- **%**：基于当前字体尺寸的百分比行间距。
- **Inherit**：规定应该从父元素继承 line-height 属性的值。

10.4 页面动画效果

动画可以增加网页的趣味性，使网页视觉效果更加有趣。本小节将对页面动画效果进行讲解。

10.4.1 案例解析：模拟星球运转效果

在学习页面动画效果之前，可以跟随以下步骤了解并熟悉如何通过绝对定位和相对定位定位星球轨道和星球，以及如何通过animation属性实现动画效果。制作完成的运行效果如图10-7、图10-8所示。

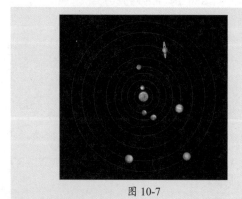

图 10-7

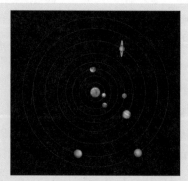

图 10-8

代码如下。

```html
<!DOCTYPE html>
<html lang="en">
<head>
<meta charset="UTF-8">
<title>css</title>
<style type="text/css">
*{
    margin: 0;
    padding: 0;
    list-style: none;
}
body{
    background: black;
}
/* 太阳轮廓 */
.galaxy{
    width: 1300px;
    height: 1300px;
    position: relative;
    margin: 0 auto;
}
/* 里面所有的div都绝对定位 */
.galaxy div{
    position: absolute;
}
/* 给所有的轨道添加一个样式 */
div[class*=track]{
    border: 1px solid #555;
    margin-left: -3px;
    margin-top: -3px;
}
/* 太阳的位置大概是：1600/2 */
.sun{
    background: url("sun.png")0 0 no-repeat;
    width: 100px;
    height: 100px;
    left: 600px;
    top: 600px;
}
.mercury{
    background: url("2.png")0 0 no-repeat;
```

```
    width: 50px;
    height: 50px;
    left: 700px;
    top: 625px;
    transform-origin: −50px 25px;
    animation: rotation 2.4s linear infinite;
}
.mercury-track{
    width: 150px;
    height: 150px;
    left: 575px;
    top: 575px;
    border-radius: 75px;
}
.venus{
    background: url("3.png")0 0 no-repeat;
    width: 60px;
    height: 60px;
    left: 750px;
    top: 620px;
    animation: rotation 6.16s linear infinite;
    transform-origin: −100px 30px;
}
.venus-track{
    width: 260px;
    height: 260px;
    left: 520px;
    top: 520px;
    border-radius: 130px;
}
.earth{
    background: url("4.png")0 0 no-repeat;
    width: 60px;
    height: 60px;
    top: 620px;
    left: 805px;
    animation: rotation 10s linear infinite;
    transform-origin: −155px 30px;
}
.earth-track{
    width: 370px;
    height: 370px;
```

```
    border-radius: 185px;
    left: 465px;
    top: 465px;
}
.mars{
    background: url("5.png")0 0 no-repeat;
    width: 50px;
    height: 50px;
    top: 625px;
    left: 865px;
    animation: rotation 19s linear infinite;
    transform-origin: -215px 25px;
}
.mars-track{
    width: 480px;
    height: 480px;
    border-radius: 240px;
    left: 410px;
    top: 410px;
}
.jupiter{
    background: url("6.png")0 0 no-repeat;
    width: 80px;
    height: 80px;
    top: 610px;
    left: 920px;
    animation: rotation 118s linear infinite;
    transform-origin: -270px 40px;
}
.jupiter-track{
    border-radius: 310px;
    width: 620px;
    height: 620px;
    left: 340px;
    top: 340px;
}
.saturn{
    background: url("7.png")0 0 no-repeat;
    width: 120px;
    height: 80px;
    top: 610px;
    left: 1000px;
```

```
        animation: rotation 295s linear infinite;
        transform-origin: −350px 40px;
    }
    .saturn-track{
        border-radius: 410px;
        width: 820px;
        height: 820px;
        left: 240px;
        top: 240px;
    }
    .uranus{
        background: url("8.png")0 0 no-repeat;
        width: 80px;
        height: 80px;
        top: 610px;
        left: 1120px;
        animation: rotation 840s linear infinite;
        transform-origin: −470px 40px;
    }
    .uranus-track{
        border-radius: 510px;
        width: 1020px;
        height: 1020px;
        top: 140px;
        left: 140px;
    }
    .pluto{
        background: url("9.png")0 no-repeat;
        width: 70px;
        height: 70px;
        top: 615px;
        left: 1210px;
        animation: rotation 1648s linear infinite;
        transform-origin: −560px 35px;
    }
    .pluto-track{
        border-radius: 595px;
        width: 1190px;
        height: 1190px;
        left: 55px;
        top: 55px;
    }
```

```
@keyframes rotation{
to{
  transform: rotate(360deg);
}
}
</style>
</head>
<body>
  <div class="galaxy">
  <div class='sun'></div>
  <!-- 第一颗 -->
  <div class='mercury-track'></div>
  <div class='mercury'></div>
  <div class='venus-track'></div>
  <div class='venus'></div>
  <div class='earth-track'></div>
  <div class='earth'></div>
  <div class='mars-track'></div>
  <div class='mars'></div>
  <div class='jupiter-track'></div>
  <div class='jupiter'></div>
  <div class='saturn-track'></div>
  <div class='saturn'></div>
  <div class='uranus-track'></div>
  <div class='uranus'></div>
  <div class='pluto-track'></div>
  <div class='pluto'></div>
  </div>
</body>
</html>
```

10.4.2 实现过渡

过渡是指某个元素从一种状态到另一种状态的过程，CSS3过渡是元素从一种样式逐渐改变为另一种样式的效果。要实现这一点，必须规定两项内容：指定要添加效果的CSS属性；指定效果的持续时间。下面将对代码实现过渡效果进行介绍。

1. 单项属性过渡

单项属性过渡的添加较为简单，建立Div后添加transition属性，然后在transition属性的值里输入想要改变的属性和改变时间即可。如图10-9、图10-10所示为矩形块向右拉长过渡效果。

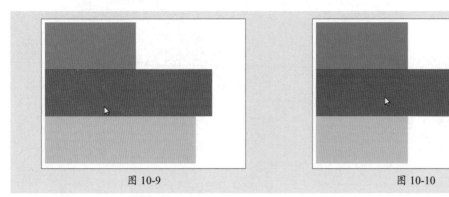

图 10-9　　　　　　　　　　　　　　　图 10-10

代码如下。

```
<!DOCTYPE html>
<html lang="en">
<head>
<meta charset="UTF-8">
<title>Document</title>
<style>
div:hover{
width: 500px;
}
div{
    width: 200px;
    height: 100px;
    transition:width 2s;
}
.d1{
    background: #00A3FF;
}
.d2{
    background: #F37274;
}
.d3{
    background: #FFE11A;
}
</style>
</head>
<body>
    <div class="d1"></div>
    <div class="d2"></div>
    <div class="d3"></div>
</body>
</html>
```

2.多项属性过渡

　　多项属性过渡的原理与单项属性过渡类似，只是在写法上略有不同。多项属性过渡的写法就是在写完第一个属性和过渡时间之后，随后无论添加多少个变化的属性都是逗号之后直接再次写入过渡的属性名加上过渡时间。如图10-11、图10-12所示为矩形块颜色及宽度都变化的过渡效果。

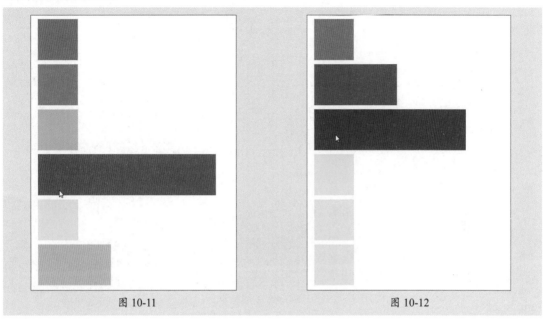

图 10-11　　　　　　　　　　　　　　　　　图 10-12

　　代码如下。

```
<!DOCTYPE html>
<html lang="en">
<head>
<meta charset="UTF-8">
<title>Document</title>
<style>
div{
    width: 100px;
    height: 100px;
    margin:10px;
    transition:width 2s,background 2s;
}
div:hover{
    width: 500px;
    background: blue;
}
.d1{
    background: #FB8082;
}
```

```
.d2{
    background: #5599E1;
}
.d3{
    background: #55EC87;
}
span{
    display:block;
    width: 100px;
    height: 100px;
    background: yellow;
    transition:all 2s;
    margin:10px;
}
span:hover{
    width: 600px;
    background: red;
}
</style>
</head>
<body>
    <div class="d1"></div>
    <div class="d2"></div>
    <div class="d3"></div>
    <span></span>
    <span></span>
    <span></span>
</body>
</html>
```

10.4.3 实现动画

除了transition属性外，用户还可以使用animation属性制作动画效果。animation的中文意思为动画，它是一个CSS属性，只能作用于页面中已经存在的元素上。

1. 动画属性

下面将对@keyframes、animation等动画属性进行讲解。

1）@keyframes

● 如果想要创建动画，那么就必须使用@keyframes规则。

● 创建动画是通过逐步改变从一个CSS样式设定到另一个。

● 在动画过程中，可以更改CSS样式的设定多次。

● 指定的变化时发生时使用%，或关键字"from"和"to"，这是和0%到100%相同。

- 0%是开头动画，100%是动画完成。
- 为了获得最佳的浏览器支持，应该始终定义为0%和100%的选择器。

2）animation

所有动画属性的简写属性，除了animation-play-state属性。

其语法描述如下。

animation：　name duration timing-function delay iteration-count direction fill-mode play-state;

3）animation-name

animation-name 属性为 @keyframes 动画规定名称。

其语法描述如下。

animation-name: keyframename|none;

- **keyframename**：规定需要绑定到选择器的keyframe 的名称。
- **None**：规定无动画效果（可用于覆盖来自级联的动画）。

4）animation-duration

animation-duration属性定义动画完成一个周期需要多少秒或毫秒。

其语法描述如下。

animation-duration: time;

5）animation-timing-function

animation-timing-function属性指定动画将如何完成一个周期。

速度曲线定义动画从一套 CSS 样式变为另一套所用的时间。

速度曲线用于使变化更为平滑。

其语法描述如下。

animation-timing-function: value;

animation-timing-function使用的数学函数，称为三次贝塞尔曲线、速度曲线。使用此函数，用户可以使用自己的值，也可以使用预先定义的值之一。

animation-timing-function属性的值可以是以下六种。

- **inear**：动画从头到尾的速度是相同的。
- **ease**：默认值。动画以低速开始，然后加快，在结束前变慢。
- **ease-in**：动画以低速开始。
- **ease-out**：动画以低速结束。
- **ease-in-out**：动画以低速开始和结束。
- **cubic-bezier(n,n,n,n)**：在cubic-bezier函数中自己的值。可能的值是从0到1的数值。

6）animation-delay

animation-delay 属性定义动画什么时候开始。

animation-delay 值单位可以是秒（s）或毫秒（ms）。

允许负值，-2 s使动画马上开始，但跳过2秒进入动画。

7）animation-iteration-count

animation-iteration-count属性定义动画应该播放多少次。默认值为1。

animation-iteration-count属性的值可以是以下两种。

- **n**：一个数字，定义应该播放多少次动画。

- **infinite**：指定动画应该播放无限次（永远）。

8）animation-direction

规定动画是否在下一周期逆向地播放。默认值是normal。

animation-direction 属性定义是否循环交替反向播放动画。

如果动画被设置为只播放一次，该属性将不起作用。

其语法描述如下。

animation-direction: normal|reverse|alternate|alternate-reverse|initial|inherit;

animation-direction属性的值可以是以下六种。

- **normal**：默认值。动画按正常默认值播放。

- **Reverse**：动画反向播放。

- **alternate**：动画在奇数次（1、3、5、…）正向播放，在偶数次（2、4、6、…）反向播放。

- **alternate-reverse**：动画在奇数次（1、3、5、…）反向播放，在偶数次（2、4、6、…）正向播放。

- **Initial**：设置该属性为它的默认值。

- **Inherit**：从父元素继承该属性。

9）animation-play-state

规定动画是否正在运行或暂停。默认值是running。

animation-play-state属性指定动画是否正在运行或已暂停。

其语法描述如下。

animation-play-state: paused|running;

animation-play-state属性的值可以是以下两种。

- **paused**：指定暂停动画。

- **running**：指定正在运行的动画。

2. 实现动画效果

当在@keyframes创建动画，需要把它绑定到一个选择器，否则动画不会有任何效果。指定至少这两个CSS3的动画属性绑定在一个选择器：规定动画的名称；规定动画的时长。如图10-13、图10-14所示为旋转动画效果。

图 10-13　　　　　　　　　　　　　　图 10-14

代码如下。

```
<!DOCTYPE html>
<html lang="en">
<head>
<meta charset="UTF-8">
<title>Document</title>
<style>
.d1{
    width: 200px;
    height: 200px;
    background: blue;
    animation:myFirstAni 5s;
    transform: rotate(0deg);
    margin:20px;
}
@keyframes myFirstAni{
    0%{margin-left: 0px;background: blue;transform: rotate(0deg);}
    50%{margin-left: 500px;background: red;transform: rotate(720deg);}
    100%{margin-left: 0px;background: blue;transform: rotate(0deg);}
}
.d2{
    width: 200px;
    height: 200px;
    background: red;
    animation:mySecondtAni 5s;
    transform: rotate(0deg);
```

```
    margin:20px;
}
@keyframes mySecondtAni{
    0%{margin-left: 0px;background: red;transform: rotateY(0deg);}
    50%{margin-left: 500px;background: blue;transform: rotateY(720deg);}
    100%{margin-left: 0px;background: red;transform: rotateY(0deg);}
}
</style>
</head>
<body>
    <div class="d1"></div>
    <div class="d2"></div>
</body>
</html>
```

课堂实战 制作简易网页布局

本章课堂实战练习制作简易网页布局（如图10-15所示），以综合练习本章的知识点，并熟练掌握和巩固素材的操作。下面将介绍操作思路。

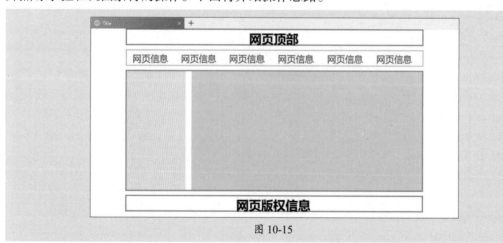

图 10-15

代码如下。

```
<!DOCTYPE html>
<html lang="en">
<head>
    <meta charset="UTF-8">
    <title>Title</title>
    <style>
        *{
```

```
      padding: 0px;
      margin: 0px;
}
header{
      width: 80%;
      height: 36px;
      margin: 0px auto;
      border: 3px solid #E38486;//设置顶部边框
}
nav{
      width: 80%;
      margin: 10px auto;
      height: 36px;
      border: 3px solid #78D7B5;//设置第2行边框
}
nav a{
      text-decoration: none;
      line-height: 40px;
      font-size: 23px;
      color: brown;
      padding: 0px 15px;//设置超链接字体样式
}
#main{
      width: 80%;
      height: 300px;
      margin: 10px auto;
      border: 3px solid #6397E5;//设置主页边框
}
#main aside{
      background-color: #FFE9B3;
      width: 20%;
      height: 100%;
      float: left;//设置侧边栏样式
}
#main .flash{
      float: right;
      width: 78%;
      height: 100%;
      background-color: #9FDADD;
}
footer{
      width: 80%;
```

```
      margin: 10px auto;
      height: 36px;
      border: 3px solid darkorange;//设置底部边框
    }
</style>
</head>
<body>
<header>
  <h1 align="center">网页顶部</h1>
</header>
<nav>
  <a href="">网页信息</a>
  <a href="">网页信息</a>
  <a href="">网页信息</a>
  <a href="">网页信息</a>
  <a href="">网页信息</a>
  <a href="">网页信息</a>
</nav>
<div id="main">
<aside>
</aside>
<div class="flash">
</div>
</div>
<footer>
  <h1 align="center">网页版权信息</h1>
</footer>
</body>
</html>
```

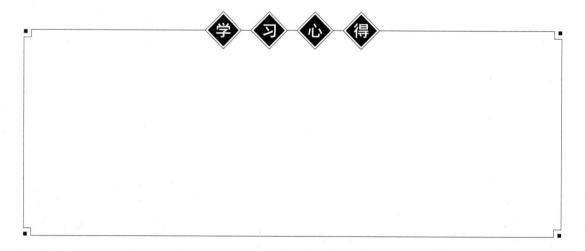

课后练习 插入网页图像

下面将综合本章学习的知识插入网页图像，如图10-16所示。

图 10-16

代码如下。

```
<!doctype html>
<html>
<head>
<meta http-equiv="Content-Type" content="text/html; charset=utf-8" />
<title> </title>
<body>
<p>
横看成岭侧成峰，远近高低各不同。不识庐山真面目，只缘身在此山中。
</p>
<img src="01.jpg">
</body>
</html>
```

湖北省博物馆

湖北省博物馆位于湖北省武汉市，是一座国家级综合性博物馆，馆内有中国规模最大的古乐器陈列厅。湖北省博物馆的前身为湖北省人民科学馆，馆内包括曾世家——考古揭秘的曾国、越王勾践剑特展、梁庄王珍藏、土与火的艺术、荆楚百年英杰、曾侯乙、楚国八百年等常设展览，馆内文物兼具地方色彩和时代特征，反映了湖北地区古代文化。博物馆首页如图10-17所示。

图 10-17

湖北省博物馆馆藏文物丰富，有出土于"曾侯乙墓"的曾侯乙编钟；享有"天下第一剑"美誉的越王勾践剑；距今100万年的郧县人头骨化石；展现秦朝法律制度、行政文书、医学著作及关于吉凶时日占书的云梦睡虎地秦简……馆内展览具有鲜明的荆楚特色，展示了荆楚文明，弘扬了中华文化，如图10-18所示。

图 10-18

附 录 网页设计常用快捷键汇总

在使用Dreamweaver CC应用程序时，读者可以使用其默认快捷键[①]。

1. 代码编写

功 能 描 述	组 合 键
快速编辑	Ctrl+E
快捷文档	Ctrl+K
在上方打开/添加行	Ctrl+Shift+Enter
显示参数提示	Ctrl+,
多光标列/矩形选择	按住Alt键单击并拖动
多光标不连续选择	按住Ctrl键并单击
显示代码提示	Ctrl+空格键
选择子项	Ctrl+]
转到行	Ctrl+G
选择父标签	Ctrl+[
折叠所选内容	Ctrl+Shift+C
折叠所选内容外部的内容	Ctrl+Alt+C
展开所选内容	Ctrl+Shift+E
折叠整个标签	Ctrl+Shift+J
折叠完整标签外部的内容	Ctrl+Alt+J
全部展开	Ctrl+Alt+E
缩进代码	Ctrl+Shift+>
减少代码缩进	Ctrl+Shift+<
平衡大括号	Ctrl+'
代码导航器	Ctrl+Alt+N
删除左侧单词	Ctrl+Backspace
删除右侧单词	Ctrl+Delete
选择上一行	Shift+上箭头键
选择下一行	Shift+下箭头键
选择左侧字符	Shift+左箭头键
选择右侧字符	Shift+右箭头键
选择到上页	Shift+向上翻页键
选择到下页	Shift+向下翻页键
左移单词	Ctrl+左箭头键
右移单词	Ctrl+右箭头键
移动到当前行的开始处	Alt+左箭头键
移动到当前行的结尾处	Alt+右箭头键
切换行注释	Ctrl+/
切换块注释（用于PHP和JS文件）	Ctrl+Shift+/

① 此快捷键为软件默认的快捷按键，读者可以根据自身的使用习惯进行自定义设置。

功 能 描 述	组 合 键
复制行选区	Ctrl+D
删除行	Ctrl+Shift+D
跳转至定义（JS文件）	Ctrl+J
选择右侧单词	Ctrl+Shift+右箭头键
选择左侧单词	Ctrl+Shift+左箭头键
移动到文件开头	Ctrl+Home
移动到文件结尾	Ctrl+End
选择到文件开始	Ctrl+Shift+Home
选择到文件结尾	Ctrl+Shift+End
转到源代码	Ctrl+Alt+`
关闭窗口	Ctrl+W
退出应用程序	Ctrl+Q
快速标签编辑器	Ctrl+T
转到下一单词	Ctrl+右箭头键
转到上一单词	Ctrl+左箭头键
转到上一段落（设计视图）	Ctrl+上箭头键
转到下一段落（设计视图）	Ctrl+下箭头键
选择到下一单词为止	Ctrl+Shift+右箭头键
从上一单词开始选择	Ctrl+Shift+左箭头键
从上一段落开始选择	Ctrl+Shift+上箭头键
选择到下一段落为止	Ctrl+Shift+下箭头键
移到下一个属性窗格	Ctrl+Alt+向下翻页键
移到上一个属性窗格	Ctrl+Alt+向上翻页键
在同一窗口新建	Ctrl+Shift+N
退出段落	Ctrl+Return
下一文档	Ctrl+Tab
上一文档	Ctrl+Shift+Tab
用#环绕	Ctrl+Shift+3

2. 重构

功 能 描 述	组 合 键
重命名	Ctrl+Alt+R
提取到变量	Ctrl+Alt+V
提取到函数	Ctrl+Alt+M

3. 文件面板

功 能 描 述	组 合 键
新建文件	Ctrl+Shift+N
新建文件夹	Ctrl+Alt+Shift+N

4. 查找和替换

功 能 描 述	组 合 键
在当前文档中查找	Ctrl+F
在文件中查找和替换	Ctrl+Shift+F
在当前文档中替换	Ctrl+H
查找下一个	F3
查找上一个	Shift+F3
查找全部并选择	Ctrl+Shift+F3
将下一个匹配项添加到选区	Ctrl+R
跳过并将下一个匹配项添加到选区	Ctrl+Alt+R

5. 插入

功 能 描 述	组 合 键
插入图像	Ctrl+Alt+I
插入HTML5视频	Ctrl+Alt+Shift+V
插入动画合成	Ctrl+Alt+Shift+E
插入Flash SWF	Ctrl+Alt+F
插入换行符	Shift+回车键
不换行空格（ ）	Ctrl+Shift+空格键

6. CSS 快捷键

功 能 描 述	组 合 键
编译CSS预处理器	F9
添加CSS选择器或对焦的面板属性	Ctrl+Alt+Shift+=
添加CSS选择器	Ctrl+Alt+S
添加CSS属性	Ctrl+Alt+P

7. 参考线、网格和标尺（在设计视图中）

功 能 描 述	组 合 键
显示参考线	Ctrl+;
锁定参考线	Ctrl+Alt+;
与参考线对齐	Ctrl+Shift+;
参考线与元素对齐	Ctrl+Shift+G
显示网格	Ctrl+Alt+G
与网格对齐	Ctrl+Alt+Shift+G
显示标尺	Ctrl+Alt+R

8. 预览

功　能　描　述	组　合　键
在主浏览器中实时预览	F12
在副浏览器中预览	Shift+F12

9. 视图特有的快捷键

功　能　描　述	组　合　键
冻结JavaScript（实时视图）	F6
隐藏"实时视图"显示	Ctrl+Alt+H
切换视图	Ctrl+Tab
检查（实时视图）	Alt+Shift+F11
隐藏所有可视化助理（设计视图）	Ctrl+Shift+I
在设计视图和实时视图之间切换	Ctrl+Shift+F11

10. Windows 快捷键

功　能　描　述	组　合　键
首选项	Ctrl+U
显示面板	F4
行为	Shift+F4
代码检查器	F10
CSS设计器	Shift+F11
DOM	Ctrl+F7
文件	F8
插入	Ctrl+F2
属性	Ctrl+F3
输出	Shift+F6
搜索	F7
代码段	Shift+F9
Dreamweaver联机帮助	F1

11. 文本

功　能　描　述	组　合　键
缩进	Ctrl+Alt+]
减少缩进	Ctrl+Alt+[
粗体	Ctrl+B
斜体	Ctrl+I
拼写检查	Shift+F7
删除链接	Ctrl+Shift+L

⓬ 缩放

功　能　描　述	组　合　键
放大（设计视图和实时视图）	Ctrl+=
缩小（设计视图和实时视图）	Ctrl+-
100%	Ctrl+0
50%	Ctrl+Alt+5
200%	Ctrl+Alt+2
300%	Ctrl+Alt+3
适合选区	Ctrl+Alt+0
适合全部	Ctrl+Shift+0
适合宽度	Ctrl+Alt+Shift+0
增加字体大小	Ctrl++
减小字体大小	Ctrl+-
恢复字体大小	Ctrl+0

⓭ 表格

功　能　描　述	组　合　键
插入表格	Ctrl+Alt+T
合并单元格	Ctrl+Alt+M
拆分单元格	Ctrl+Alt+Shift+T
插入行	Ctrl+M
插入列	Ctrl+Shift+A
删除行	Ctrl+Shift+M
删除列	Ctrl+Shift+-
增加列跨度	Ctrl+Shift+]
减少列跨度	Ctrl+Shift+[

⓮ 站点管理

功　能　描　述	组　合　键
获取文件	Ctrl+Alt+D
签出文件	Ctrl+Alt+Shift+D
放置文件	Ctrl+Shift+U
签入文件	Ctrl+Alt+Shift+U
检查整个站点的链接	Ctrl+F8
显示页面标题	Ctrl+Shift+T

参考文献

[1] 杜思深. 综合布线[M]. 2版. 北京：清华大学出版社，2009.

[2] 王磊. 网络综合布线实训教程[M]. 3版. 北京：中国铁道出版社，2012.

[3] 方水平，王怀群，王臻. 综合布线实训教程[M]. 2版. 北京：机械工业出版社，2012.

[4] 黎连业. 网络综合布线系统与施工技术[M]. 4版. 北京：机械工业出版社，2011.

[5] 本书编写组. 数据中心综合布线系统工程应用技术[M]. 北京：电子工业出版社，2016.